农 乡村振兴精品教材

新时代乡村振兴之三农政策

◎ 樊文水 徐东森 唐伟尤 卢俊宇 主编

U0306884

中国农业科学技术出版社

图书在版编目（CIP）数据

新时代乡村振兴之三农政策 / 樊文水等主编 . --北京：中国农业科学技术出版社，2022.6

ISBN 978-7-5116-5765-7

Ⅰ.①新… Ⅱ.①樊… Ⅲ.①三农问题-农业政策-中国 Ⅳ.①F320

中国版本图书馆 CIP 数据核字（2022）第 079865 号

责任编辑　白姗姗
责任校对　李向荣
责任印制　姜义伟　王思文

出 版 者　中国农业科学技术出版社
　　　　　北京市中关村南大街 12 号　　邮编：100081
电　　话　（010）82106638（编辑室）　　（010）82109702（发行部）
　　　　　（010）82109709（读者服务部）
网　　址　http://www.castp.cn
经 销 者　各地新华书店
印 刷 者　北京富泰印刷有限责任公司
开　　本　140 mm×203 mm　1/32
印　　张　4.875
字　　数　100 千字
版　　次　2022 年 6 月第 1 版　2022 年 6 月第 1 次印刷
定　　价　39.00 元

《新时代乡村振兴之三农政策》

编 委 会

前　言

　　农业、农村、农民（"三农"）问题是关系国计民生的根本性问题，必须始终把解决好"三农"问题作为全党工作的重中之重。"十三五"期间，在以习近平总书记关于"三农"工作系列重要讲话和治国理政新理念新思想新战略的指引下，紧紧围绕农业供给侧结构性改革主线，着力推进农业农村现代化。5年来，农业现代化建设迈出新步伐，农村改革展开新布局，农业绿色发展有了新进展，农民收入实现新提升。"十三五"期间，实施乡村振兴战略，打赢脱贫攻坚战，国家级贫困县全部脱贫摘帽，现行标准下农村贫困人口全部脱贫，我国脱贫攻坚战取得了全面胜利，脱贫攻坚取得重大历史性成就。农业实现连年丰收，农民持续增收，农村和谐稳定，为稳定经济社会发展大局发挥了"压舱石"的作用。在党中央、国务院领导下，我国已全面建成小康社会，实现第一个百年奋斗目标。

　　2021年是"十四五"规划的开局之年，并向第二个百年奋斗目标进军，"三农"工作重心历史性转向全面推进乡村振兴，开启了全面建设社会主义现代化国家新征程。当前，全球新冠病毒依然肆虐，国际环境不确定不稳定因素增加，给我国农业农村发展带来挑战。针对世界百年变局和世纪疫情叠加交织的复杂形势，做好"三农"工作，必须确保农业稳产增产、农民稳步增收、农村稳定安宁，稳住基本盘，全面推进乡村振兴，实现国民经济社会稳定发展，为应对各种风险挑战赢得主动。

在新征程上，我们要始终坚持以习近平新时代中国特色社会主义思想为指导，全面贯彻创新、协调、绿色、开放、共享的新发展理念，构建农业农村高质量发展新格局，更具时代特色地肩负起为"三农"服务的使命。为使广大基层工作者学习贯彻好有关政策，深入了解新时代"三农"发展特点，以更大的力度、更实的措施推动乡村全面振兴，我们组织编写了《新时代乡村振兴之三农政策》一书。

本书借鉴了很多资料，在收集整理编排过程中也得到了很多三农工作专家、同人的指导帮助，在此深表感谢！

由于"三农"工作是一项系统工程，政策性强，再加上时间仓促，编者水平有限，书中难免存在错误和纰漏之处，敬请读者批评指正。

编　者

2022 年 6 月

目　　录

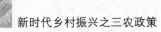

第一章 新时代"三农"政策是国家发展的重要基石

中国是一个农业大国，自古以来，农业兴旺则国邦牢固，农村稳定则社会和谐，农民富裕则国家强盛，农业、农村、农民问题始终是关系国计民生的根本性问题，也被称为中国的"三农"问题，把解决好"三农"问题作为全党工作的重中之重是中国共产党领导人民在革命、建设与改革过程中所总结出来的重要经验，在维系社会稳定、促进经济发展发挥着举足轻重的作用。

改革开放以来，党的"三农"政策集中体现在中共中央一号文件中，中央一号文件成为党中央关注"三农"发展的专有代名词，包含着系统的"三农"政策。改革开放时期，党的"三农"政策始终围绕实现农业现代化、促进农村持续增收和实现乡村振兴 3 个中心任务展开。中国共产党坚持问题导向，根据不同时期内"三农"主要矛盾，出台不同政策。在不同历史阶段，面对不同的"三农"重难点问题，政策的着力点也在不断发展转变。总体来说，

"三农"政策的发展演变与改革开放和中国特色社会主义现代化进程相一致。政策演变立足现实矛盾，具有明显的问题意识和导向；政策与时俱进，坚持继承性与发展性的统一；政策服务于我国整体发展目标，具有很强的服务意识。

中共中央在1982—1986年连续5年发布以农业、农村和农民为主题的中央一号文件，对农村改革和农业发展作出具体部署。2004—2022年又连续19年发布以"三农"为主题的中央一号文件，强调了"三农"问题在中国社会主义现代化时期"重中之重"的地位。中央一号文件的发布彰显了党中央解决"三农"问题的决心，基本构建起强农富农惠农的政策体系，推动了农业农村的发展。

21世纪以来的19个中央一号文件，其制定的历史背景不同，主题和政策调整的重点也不一样，所产生的影响也有所不同。但是，政策的调整基本上都围绕农业、农村和农民这3个方面展开，政策调整的目标都是要发展现代农业、建设社会主义新农村和促进农民增收。

以习近平同志为核心的党中央始终坚持把解决好"三农"问题作为全党工作重中之重，确立农业农村优先发展总方针，启动实施乡村振兴战略，推动农业农村发展取得历史性成就。特别是积极应对突如其来的新冠肺炎疫情和严重自然灾害影响，统筹做好疫情防控和农产品稳产保供,坚持抗灾夺丰收,集中力量补上"三农"领域突出短板,稳住了农业农村发展好形势,新时代"三农"发展是国家发展的重要基石。

【想一想】

1. 2022 年中央一号文件是什么时间发布的?

2. 请解释中央一号文件的内涵。

第一节 2004—2022 年中央一号文件要点

进入 21 世纪以来,中共中央又先后下发了 19 个涉农中央一号文件,强调把解决"三农"问题放在全部工作的重中之重。中央一号文件主题和内容的变化已成为中国"三农"政策的方向标。回顾梳理 21 世纪以来中央一号文件出台的主要内容和政策亮点,以及内容调整的三条主线,总结中央一号文件主题的转换与"三农"政策变动,将对我们扎实有序做好乡村发展、乡村建设、乡村治理重点工作,推动乡村振兴取得新进展,确保"两个百年"奋斗目标的实现具有重大意义(表1-1)。

表 1-1 2004—2022 年中央一号文件主题及要点

发布时间	文件名称	主题内容	聚焦主题
2004 年 2 月	关于促进农民增加收入若干政策的意见	要"坚持'多予、少取、放活'的方针，调整农业结构，扩大农民就业，加快科技进步，深化农村改革，增加农业投入，强化对农业支持保护，力争实现农民收入较快增长，尽快扭转城乡居民收入差距不断扩大的趋势"。文件共 9 个方面 22 条，提出了一系列含金量高、指向明确的实实在在的政策措施	促进农民增加收入
2005 年 1 月	关于进一步加强农村工作提高农业综合生产能力若干政策的意见	从强化农业扶持、提高耕地质量、加强农田水利和生态建设、加快农业科技创新、加强农村基础设施建设、推进农业和农村结构调整、健全农业投入机制、提高农村劳动者素质、加强党的领导 9 个方面提出 27 条措施	提高农业综合生产能力
2006 年 2 月	关于推进社会主义新农村建设的若干意见	从"统筹城乡经济社会发展、推进现代农业建设、促进农民持续增收、加强农村基础设施建设、加快发展农村社会事业、全面深化农村改革、加强农村民主政治建设、切实加强领导"8 个方面提出 32 条措施	社会主义新农村建设
2007 年 1 月	关于积极发展现代农业扎实推进社会主义新农村建设的若干意见	从"加大'三农'投入、加快农业基础建设、推进农业科技创新、开发农业多种功能、健全农村市场体系、培养新型农民、深化农村改革、加强党对农村工作的领导"8 个方面提出 35 条措施	积极发展现代农业
2008 年 1 月	关于切实加强农业基础建设进一步促进农业发展农民增收的若干意见	从"强化农业基础、保障主要农产品供给、突出抓好农业基础设施建设、着力强化农业科技和服务体系基本支撑、逐步提高农村基本公共服务水平、稳定完善农村基本经营制度和深化农村改革、扎实推进农村基层组织建设、加强和改善党对'三农'工作的领导"8 个方面提出 43 条政策措施	加强农业基础建设，加大"三农"投入

（续表）

发布时间	文件名称	主题内容	聚焦主题
2009 年 2 月	关于促进农业稳定发展农民持续增收的若干意见	从"农业支持保护、农业生产发展、现代农业物质支撑和服务体系、农村基本经营制度、城乡经济社会发展一体化"5 个方面提出 28 条政策措施	促进农业稳定发展农民持续增收
2010 年 1 月	关于加大统筹城乡发展力度进一步夯实农业农村发展基础的若干意见	从"健全强农惠农政策体系、提高现代农业装备水平、加快改善农村民生、协调推进城乡改革、加强农村基层组织建设"5 个方面提出 27 条措施	用统筹城乡的思路，夯实农业农村发展基础
2011 年 1 月	关于加快水利改革发展的决定	从"新形势下水利的战略定位；水利改革发展和指导思想、目标任务和基本原则；加强农田水利等薄弱环节建设；水利基础设施建设；水利投入稳定增长机制；水资源管理；创新水利发展体制；加强对水利工作的领导"8 个方面提出 30 条措施	加快水利改革发展
2012 年 2 月	关于加快推进农业科技创新持续增强农产品供给保障能力的若干意见	从"加大投入、科技创新、农技推广、教育科技培训、设施装备条件改善、市场流通效率"6 个方面提出 23 条措施	加快推进农业科技创新
2013 年 1 月	关于加快发展现代农业进一步增强农村发展活力的若干意见	从"重要农产品供给保障、农业支持保护、农业生产经营体制、农业社会化服务、农村集体产权改革、农村公共服务、乡村治理"7 个方面提出 26 条措施	加快发展现代农业，进一步增强农村发展活力
2014 年 1 月	关于全面深化农村改革加快推进农业现代化的若干意见	从"国家粮食安全保障、农业支持保护、农业可持续发展、农村土地改革、新型农业经营体系、农村金融制度创新、城乡发展一体化体制机制、乡村治理"8 个方面提出 33 条措施	全面深化农村改革，加快推进农业现代化
2015 年 2 月	关于加大改革创新力度加快农业现代化建设的若干意见	围绕"转变农业发展方式、农民增收、新农村建设、农村改革、农村法治"5 个方面提出 32 条措施	加大改革创新力度，加快农业现代化建设

（续表）

发布时间	文件名称	主题内容	聚焦主题
2016 年 1 月	关于落实发展新理念加快农业现代化实现全面小康目标的若干意见	从"夯实现代农业基础、农业绿色发展、农村产业融合、城乡协调发展、农村改革、党对'三农'工作领导"6 个方面提出 30 条措施	用发展新理念破解"三农"新难题
2017 年 2 月	关于深入推进农业供给侧结构性改革加快培育农业农村发展新动能的若干意见	从"优化产品产业结构、推行绿色生产方式、壮大新产业新业态、强化科技创新驱动、补齐农业农村短板、加大农村改革力度"6 个方面提出 33 条措施	深入推进农业供给侧结构性改革
2018 年 1 月	关于实施乡村振兴战略的意见	提升农业发展质量、推进乡村绿色发展、繁荣兴盛农村文化、构建乡村治理新体系、提高农村民生保障水平、打好精准脱贫攻坚战、强化乡村振兴制度性供给、强化乡村振兴人才支撑、强化乡村振兴投入保障、坚持和完善党对"三农"工作的领导	对乡村振兴进行战略部署
2019 年 2 月	关于坚持农业农村优先发展做好"三农"工作的若干意见	从"决战决胜脱贫攻坚、夯实农业基础、扎实推进乡村建设、发展壮大乡村产业、全面深化农村改革、完善乡村治理机制、加强农村基层组织建设、加强党对'三农'工作的领导"8 个方面提出了推进工作意见	坚持农业农村优先发展
2020 年 2 月	关于抓好"三农"领域重点工作确保如期实现全面小康的意见	从"坚决打赢脱贫攻坚战、对标全面建成小康社会加快补上农村基础设施和公共服务短板、保障重要农产品有效供给和促进农民持续增收、加强农村基层治理、强化农村补短板保障措施"5 个方面提出 27 措施	坚决打赢脱贫攻坚战，全面建成小康社会
2021 年 2 月	关于全面推进乡村振兴加快农业农村现代化的意见	从"总体要求、实现巩固拓展脱贫攻坚成果同乡村振兴有效衔接、加快推进农业现代化、大力实施乡村建设行动、加强党对'三农'工作的全面领导"5 个方面提出 26 条措施	全面推进乡村振兴，加快农业农村现代化

（续表）

发布时间	文件名称	主题内容	聚焦主题
2022 年 2 月	关于做好 2022 年全面推进乡村振兴重点工作的意见	两条底线任务，三方面重点工作，推动实现"两新"	全面推进乡村振兴重点工作

一、2004 年中央一号文件要点

2004 年 2 月，中央一号文件《中共中央 国务院关于促进农民增加收入若干政策的意见》发布。其主题为"促进农民增收"。文件提出，"促进农民增收必须有新思路，采取综合性措施，在发展战略、经济体制、政策措施和工作机制上有一个大的转变。"文件由 9 个方面 22 条措施组成，"一是集中力量支持粮食主产区发展粮食产业，促进种粮农民增加收入。二是继续推进农业结构调整，挖掘农业内部增收潜力。三是发展农村二、三产业，拓宽农民增收渠道。四是改善农民进城就业环境，增加外出务工收入。五是发挥市场机制作用，搞活农产品流通。六是加强农村基础设施建设，为农民增收创造条件。七是深化农村改革，为农民增收减负提供体制保障。八是继续做好扶贫开发工作，解决农村贫困人口和受灾群众的生产生活困难。九是加强党对促进农民增收工作的领导，确保各项增收政策落到实处"。

该文件政策调整的亮点是根据"多予、少取、放活"的方针，提出解决农民增收问题的措施，实行对种粮农民的直接补贴、良种补贴和农机具购置补贴的"三项补贴"政策，很受农民欢迎。

二、2005 年中央一号文件要点

2005 年 1 月，中央一号文件《中共中央　国务院关于进一步加强农村工作提高农业综合生产能力若干政策的意见》发布。主题为"提高农业综合生产能力问题"。文件的具体任务由 9 个方面 27 条措施组成，"一是稳定、完善和强化扶持农业发展的政策，进一步调动农民的积极性。二是坚决实行最严格的耕地保护制度，切实提高耕地质量。三是加强农田水利和生态建设，提高农业抗御自然灾害的能力。四是加快农业科技创新，提高农业科技含量。五是加强农村基础设施建设，改善农业发展环境。六是继续推进农业和农村经济结构调整，提高农业竞争力。七是改革和完善农村投融资体制，健全农业投入机制。八是提高农村劳动者素质，促进农民和农村社会全面发展。九是加强和改善党对农村工作的领导"。

这份文件的政策亮点是，加大支农政策的力度，保障"多予、少取、放活"方针的实施，加强农业综合生产能力建设。

三、2006 年中央一号文件要点

2006 年 2 月，中央一号文件《中共中央　国务院关于推进社会主义新农村建设的若干意见》发布。其主题为"社会主义新农村建设"。文件对新农村建设提出了总的要求，并对新农村建设的各项任务作了部署，全文分 8 个部分，共 32 条，"一是统筹城乡经济社会发展，扎实推进社会主义新农村建设。二是推进现代农业建设，强化社会主义新农村建设的产业支撑。三是促进农民持续增收，夯实社会主义新农村建设的经济基础。四是加强农村基础设施建设，改善社会主义新农村建设的物质条件。五是加快发展农村社会事业，培养推进社会主义新农村建设的新型农民。六是全面深化农村改革，健全社会主义新农村建设的体制保障。七是加强农村民主政治建设，完善建设社会主义新农村的乡村治理机制。八是切实加强领导，动员全党全社会关心、支持和参与社会主义新农村建设"。

该文件的政策亮点是坚持"多予、少取、放活"的方针，明确"多予"的资金来源渠道，对增加"三农"的投入提出"2006 年，国家财政支农资金增量要高于上年，国债和预算内资金用于农村建设比重要高于上年，其中直接用于改善农村生产生活条件的资金要高于上年"的政策，即"三个高于"。从 2006 年起，全面取消农业税，标志着在我国实行了 2 000 多年的农业税至此终结。

四、2007 年中央一号文件要点

2007 年 1 月，中央一号文件《中共中央　国务院关于积极发展现代农业扎实推进社会主义新农村建设的若干意见》发布。其主题为"发展现代农业"。文件内容由 8 个部分组成，"加大对'三农'的投入力度，建立促进现代农业建设的投入保障机制；加快农业基础建设，提高现代农业的设施装备水平；推进农业科技创新，强化建设现代农业的科技支撑；开发农业多种功能，健全发展现代农业的产业体系；健全农村市场体系，发展适应现代农业要求的物流产业；培养新型农民，造就建设现代农业的人才队伍；深化农村综合改革，创新推动现代农业发展的体制机制；加强党对农村工作的领导，确保现代农业建设取得实效"。

这份文件的政策亮点是，提出了现代农业的概念，即"用现代物质条件装备农业，用现代科学技术改造农业，用现代产业体系提升农业，用现代经营形式推进农业，用现代发展理念引领农业，用培养新型农民发展农业"。提出加快发展农村社会事业，"2007 年全国农村义务教育阶段学生全部免除学杂费，对家庭经济困难学生免费提供教科书并补助寄宿生生活费"。

五、2008 年中央一号文件要点

2008 年 1 月，中央一号文件《中共中央　国务院关于切实加强农业基础建设进一步促进农业发展农民增收的若干意见》发布。其主题为"加强农业基础建设问题"。文件的内容就是"抓好农业基础设施建设"的六项任务，"一是狠抓小型农田水利建设；二是大力发展节水灌溉；三是抓紧实施病险水库除险加固；四是加强耕地保护和土壤改良；五是加快推进农业机械化；六是继续加强生态建设"。

这份文件的政策亮点是改变以前"支农惠农"的提法，提出了"强农惠农"政策，要求"加大对农民的直接补贴力度，增加粮食直补、良种补贴、农机具购置补贴和农资综合直补"。提出加快构建强化农业基础的长效机制问题，明确了"三个明显高于""三个调整"和"四个增加"，并首次提出城乡基本公共服务均等化的政策走向。

六、2009 年中央一号文件要点

2009 年 2 月，中央一号文件《中共中央　国务院关于促进农业稳定发展农民持续增收的若干意见》发布。其主题为"促进农业发展和农民增收"。文件由 5 个部分 28 条组成，"一是加大对农业的支持保护力度；二是稳定发展农业生产；三是强化现代农业物质支撑和服务体系；四是稳定完善农村基本经营制度；五是推进城乡经济社会发展一体化"。

这份文件的政策亮点是"扩大国内需求，最大潜力在农村；实现经济平稳较快发展，基础支撑在农业；保障和改善民生，重点难点在农民"，并指出，"要大幅度提高政府土地出让收益、耕地占用税新增收入用于农业的比例，耕地占用税税率提高后新增收入全部用于农业，土地出让收入重点支持农业土地开发和农村基础设施建设"。文件强调实行最严格的耕地保护制度和最严格的节约用地制度。"基本农田必须落实到地块、标注在土地承包经营权登记证书上，并设立统一的永久基本农田保护标志，严禁地方擅自调整规划改变基本农田区位。严格地方政府耕地保护责任目标考核，实行耕地和基本农田保护领导干部离任审计制度"。

七、2010 年中央一号文件要点

2010 年 1 月，中央一号文件《中共中央　国务院关于加大统筹城乡发展力度进一步夯实农业农村发展基础的若干意见》发布。其主题为"用统筹城乡的思路，夯实农业农村发展基础"。文件有5 个方面，"一是健全强农惠农政策体系，推动资源要素向农村配置；二是提高现代农业装备水平，促进农业发展方式转变；三是加快改善农村民生，缩小城乡公共事业发展差距；四是协调推进城乡改革，增强农业农村发展活力；五是加强农村基层组织建设，巩固党在农村的执政基础"。

文件的政策亮点是首次提出，"按照稳粮保供给、增收惠民生、改革促统筹、强基增后劲的基本思路，毫不松懈地抓好农业农村工作，继续为改革发展稳定大局作出新的贡献。"要求，"继续做好土地承包管理工作，全面落实承包地块、面积、合同、证书'四到户'"工作。

八、2011 年中央一号文件要点

2011 年 1 月，中央一号文件《中共中央　国务院关于加快水利改革发展的决定》发布。其主题为"加快水利改革发展"。文件全文共 8 个部分 30 条，"一是新形势下水利的战略定位；二是水利改革发展的指导思想、目标任务和基本原则；三是突出加强农田水利等薄弱环节建设；四是全面加快水利基础设施建设；五是建立水利投入稳定增长机制；六是实行最严格的水资源管理制度；七是不断创新水利发展体制机制；八是切实加强对水利工作的领导"。

该文件的政策亮点是中共中央所发文件首次以水利为主题，对水利工作进行全面部署。

九、2012 年中央一号文件要点

2012 年 2 月，中央一号文件《中共中央　国务院关于加快推进农业科技创新持续增强农产品供给保障能力的若干意见》发布。其主题为"加快推进农业科技创新"。全文共分6个部分23条，"一是加大投入强度和工作力度，持续推动农业稳定发展；二是依靠科技创新驱动，引领支撑现代农业建设；三是提升农业技术推广能力，大力发展农业社会化服务；四是加强教育科技培训，全面造就新型农业农村人才队伍；五是改善设施装备条件，不断夯实农业发展物质基础；六是提高市场流通效率，切实保障农产品稳定均衡供给"。

该文件的政策亮点是把"农业科技"摆上更加突出位置。文件指出，"实现农业持续稳定发展、长期确保农产品有效供给，根本出路在科技。农业科技是确保国家粮食安全的基础支撑，是突破资源环境约束的必然选择，是加快现代农业建设的决定力量，具有显著的公共性、基础性、社会性"。

十、2013 年中央一号文件要点

2013年1月，中央一号文件《中共中央　国务院关于加快发展现代农业进一步增强农村发展活力的若干意见》发布。其主题为"加快发展现代农业，进一步增强农村活力"。文件全文共7个部分，"一是建立重要农产品供给保障机制，努力夯实现代农业物质基础；二是健全农业支持保护制度，不断加大强农惠农富农政策力度；三是创新农业生产经营体制，稳步提高农民组织化程度；四是构建农业社会化服务新机制，大力培育发展多元服务主体；五是改革农村集体产权制度，有效保障农民财产权利；六是改进农村公共服务机制，积极推进城乡公共资源均衡配置；七是完善乡村治理机制，切实加强以党组织为核心的农村基层组织建设"。

该文件的政策亮点是首次把家庭农场写进中央一号文件，提出，"坚持依法自愿有偿原则，引导农村土地承包经营权有序流转，鼓励和支持承包土地向专业大户、家庭农场、农民合作社流转，发展多种形式的适度规模经营"。"着力构建集约化、专业化、组织化、社会化相结合的新型农业经营体系，进一步解放和发展农村社会生产力。"

十一、2014 年中央一号文件要点

2014 年 1 月，中共中央、国务院发布《关于全面深化农村改革加快推进农业现代化的若干意见》。其主题为"全面深化农村改革，加快推进农业现代化"。文件全文共 8 个部分。

该文件的政策亮点是首次在中央一号文件中提出"改善乡村治理机制"。

十二、2015 年中央一号文件要点

2015 年 2 月，中共中央、国务院发布《关于加大改革创新力

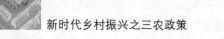

度加快农业现代化建设的若干意见》。其主题为"加大改革创新力度，加快农业现代化建设"。文件全文为 5 个部分。

该文件的政策亮点：一是首次在中央一号文件中写入"加强农业转基因生物技术研究、安全管理、科学普及"。二是首次明确提出要确保粮食产量，在数量上满足供给，是保证安全的基础，特别是重要粮食作物，不能依赖进口。三是首次在中央一号文件中系统提出，"围绕做好'三农'工作，加强农村法治建设"，如健全农村产权保护法律制度；健全农业市场规范运行法律制度；健全"三农"支持保护法律制度；依法保障农村改革发展；提高农村基层法治水平。

十三、2016 年中央一号文件要点

2016 年 1 月，中央一号文件《中共中央　国务院关于落实发展新理念加快农业现代化实现全面小康目标的若干意见》发布，主题为"要牢固树立和深入贯彻落实创新、协调、绿色、开放、共享的发展理念，大力推进农业现代化，确保亿万农民与全国人民一道迈入全面小康社会"。

文件提出，"用发展新理念破解'三农'新难题，厚植农业农村发展优势，加大创新驱动力度，推进农业供给侧结构性改革，加快转变农业发展方式，保持农业稳定发展和农民持续增收"。

十四、2017 年中央一号文件要点

2017 年 2 月，中央一号文件《中共中央 国务院关于深入推进农业供给侧结构性改革加快培育农业农村发展新动能的若干意见》发布。文件主题为"要把深入推进农业供给侧结构性改革作为当前和今后一个时期'三农'工作的主线，加快培育农业农村发展新动能"。

文件指出，"推进农业供给侧结构性改革，要在确保国家粮食安全的基础上，紧紧围绕市场需求变化，以增加农民收入、保障有效供给为主要目标，以提高农业供给质量为主攻方向，以体制改革和机制创新为根本途径"。并强调，"推进农业供给侧结构性改革是一个长期过程，…，必须直面困难和挑战，坚定不移推进改革，勇于承受改革阵痛，尽力降低改革成本，积极防范改革风险"。

十五、2018 年中央一号文件要点

党的十九大提出，实施乡村振兴战略。2018 年 1 月，中央一号文件《中共中央 国务院关于实施乡村振兴战略的意见》发布。围绕实施好乡村振兴战略，文件谋划了一系列重大举措，确立起了乡村振兴战略的"四梁八柱"，是实施乡村振兴战略的顶层设计。

文件有两个重要特点：一是管全面。文件按照党的十九大提出

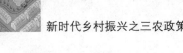

的关于乡村振兴的 20 个字 5 个方面的总要求，对统筹推进农村经济、政治、文化、社会、生态文明和党的建设，都作出了全面部署。二是管长远。文件按照党的十九大提出的决胜全面建成小康社会、分两个阶段实现第二个百年奋斗目标的战略安排，按照"远粗近细"的原则，对实施乡村振兴战略的 3 个阶段性目标任务作了部署。在历年中央一号文件中字数最多。

十六、2019 年中央一号文件要点

2019 年 2 月，中央一号文件《中共中央　国务院关于坚持农业农村优先发展做好"三农"工作的若干意见》发布。全文共分 8 个部分，"聚力精准施策，决战决胜脱贫攻坚；夯实农业基础，保障重要农产品有效供给；扎实推进乡村建设，加快补齐农村人居环境和公共服务短板；发展壮大乡村产业，拓宽农民增收渠道；全面深化农村改革，激发乡村发展活力；完善乡村治理机制，保持农村社会和谐稳定；发挥农村党支部战斗堡垒作用，全面加强农村基层组织建设；加强党对'三农'工作的领导，落实农业农村优先发展总方针"。

文件中重点提出，坚持农业农村优先发展总方针，提出"四个优先"政策导向，优先考虑"三农"干部配备，优先满足"三农"发展要素配置，优先保障"三农"资金投入，优先安排农村公共服务，围绕"产业兴旺、生态宜居、乡风文明、治理有效、生活富

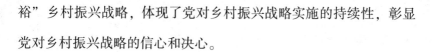

裕"乡村振兴战略，体现了党对乡村振兴战略实施的持续性，彰显党对乡村振兴战略的信心和决心。

十七、2020 年中央一号文件要点

2020 年 2 月，中央一号文件《中共中央　国务院关于抓好"三农"领域重点工作确保如期实现全面小康的意见》，全文共分 5 个部分，"坚决打赢脱贫攻坚战；对标全面建成小康社会加快补上农村基础设施和公共服务短板；保障重要农产品有效供给和促进农民持续增收；加强农村基层治理；强化农村补短板保障措施"。

2020 年，是一个非常特殊的年头，它既是中国脱贫攻坚的收官之年，也是全面建成小康社会的目标实现之年，更是中国乡村振兴的元年。文件重点提出，"对标对表全面建成小康社会目标，强化举措、狠抓落实，集中力量完成打赢脱贫攻坚战和补上全面小康'三农'领域突出短板两大重点任务，持续抓好农业稳产保供和农民增收，推进农业高质量发展，保持农村社会和谐稳定，提升农民群众获得感、幸福感、安全感，确保脱贫攻坚战圆满收官，确保农村同步全面建成小康社会"。

十八、2021 年中央一号文件要点

2021 年 2 月，中央一号文件《中共中央　国务院关于全面推

进乡村振兴加快农业农村现代化的意见》正式公布，这是 21 世纪以来第 18 个指导"三农"工作的中央一号文件。文件包括 5 个部分 26 条，主要内容可以概括为"两个决不能，两个开好局起好步，一个全面加强"。"两个决不能"就是巩固拓展脱贫攻坚成果决不能出问题、粮食安全决不能出问题。"两个开好局起好步"就是农业现代化、农村现代化都要开好局起好步。"一个全面加强"就是加强党对"三农"工作的全面领导。

十九、2022 年中央一号文件要点

2022 年 2 月中央一号文件《中共中央　国务院关于做好 2022 年全面推进乡村振兴重点工作的意见》发布。这是 21 世纪以来指导"三农"工作的第 19 个中央一号文件。文件突出年度性任务、针对性举措、实效性导向，部署 2022 年全面推进乡村振兴重点工作，明确了两条底线任务：保障国家粮食安全和不发生规模性返贫；三方面重点工作：乡村发展、乡村建设、乡村治理；推动实现"两新"：乡村振兴取得新进展、农业农村现代化迈出新步伐。

1. 重要意义

当前，全球新冠肺炎疫情仍在蔓延，世界经济复苏脆弱，气候变化挑战突出，我国经济社会发展各项任务极为繁重艰巨。从容应对百年变局和世纪疫情，推动经济社会平稳健康发展，必须着眼国

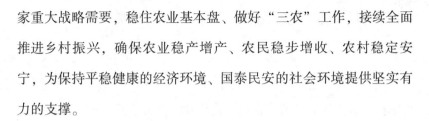

家重大战略需要，稳住农业基本盘、做好"三农"工作，接续全面推进乡村振兴，确保农业稳产增产、农民稳步增收、农村稳定安宁，为保持平稳健康的经济环境、国泰民安的社会环境提供坚实有力的支撑。

2. 稳中求进：两条底线、三项重点

（1）两条基本底线。牢牢守住保障国家粮食安全和不发生规模性返贫这两条底线。全力抓好粮食生产和重要农产品供给，实打实地调整农业结构，严守18亿亩（1亩≈667平方米）耕地红线，确保粮食播种面积稳定、产量保持在1.3万亿斤（1斤＝500克）以上，扩大大豆和油料生产务必见到可考核的成效。巩固拓展脱贫攻坚成果，完善监测帮扶机制，加大对重点地区帮扶力度，推动帮扶政策落地见效，确保不发生规模性返贫，努力让脱贫群众生活更上一层楼。

（2）三项重点工作。扎实有序做好乡村发展、乡村建设、乡村治理重点工作。持续推进农村一二三产业发展，带动农民就地就近就业增收。健全乡村建设实施机制，着力解决农民生产生活实际问题。加强农村基层组织建设，健全党组织领导下的自治、法治、德治相结合的乡村治理体系，切实维护农村社会平安稳定。

3. 端牢饭碗：稳产量、调结构、保耕地

把抓好粮食生产和重要农产品供给摆在首要位置，让14亿多中国人的饭碗端得更稳更牢固，饭碗主要装中国粮。重点做好三方面工作。

（1）稳产量。应对2021年秋冬种部分小麦晚播等不利影响，抓紧抓实春季田间管理，促进弱苗转壮，努力追回产量。粮食安全要共担责任，饭碗一起端，责任一起扛，主产区不断提高粮食综合生产能力，主销区切实稳定和提高粮食自给率，产销平衡区确保粮食基本自给，全面落实粮食安全党政同责，严格粮食安全责任制考核。适当提高稻谷、小麦最低收购价，稳定种粮农民补贴，实现三大粮食作物完全成本保险和种植收入保险主产省产粮大县全覆盖，加快发展农业社会化服务，合理保障农民收益。

（2）调结构。下大力调整优化农业结构，支持东北地区积极推行大豆玉米合理轮作、有序推进地下水超采区、不适宜水稻种植区开展"水改旱"扩种大豆，在黄淮海、西北、西南地区大力推广大豆玉米带状复合种植，在长江流域开发冬闲田扩种油菜，扩大油茶种植面积。通过多油并举、多途并进，确保大豆和油料扩种取得可考核的成效。

（3）保耕地。足额带位置逐级分解下达耕地保有量和永久基本农田保护目标任务，把耕地保护作为刚性指标实行严格考核、一票否决、终身追责，确保18亿亩耕地实至名归。严格落实耕地利用优先序，完成高标准农田建设阶段性任务，抓好黑土地保护，不断提升耕地质量,真正做到农田就是农田,而且必须是良田。

4. 多措并举:守住不发生规模性返贫底线

脱贫攻坚战取得全面胜利后,工作机制、政策举措、机构队伍等衔接有序推进,脱贫成果得到巩固拓展。当前,部分脱贫地区群众收入水平仍然较低,脱贫基础还比较脆弱,遇到自然灾害、疾病、意外事故等情况有可能返贫致贫。要坚决守住不发生规模性返贫底线,巩固拓展脱贫攻坚成果是乡村振兴的前提,要压紧压实责任,持续响鼓重槌地抓好,确保工作不留空档、政策不留空白。

(1)聚焦重点人群完善监测帮扶机制。各地要精准确定监测对象,将有返贫致贫风险和突发严重困难的农户纳入监测范围,进一步简化识别程序,及早落实社会救助、医疗保障等帮扶措施,早发现、早干预、早帮扶。

(2)促进脱贫人口持续稳定增收,依靠发展来积极巩固拓展脱贫攻坚成果。进一步提高衔接资金和涉农资金用于产业的比重,重点支持帮扶产业补上技术、设施、营销等短板,通过产业带动提高脱贫人口家庭经营性收入。通过加强东西部劳务协作、提升帮扶车间、优化公益岗位等多种方式,促进脱贫劳动力就业,确保脱贫劳动力就业规模稳定。

5. 乡村振兴:扎实有序推进各项重点工作

"三农"工作重心历史性转移后,新时代抓"三农"工作就是抓全面乡村振兴，要扎实有序推进各项重点工作，推动全面推进乡村振兴取得新进展、农业农村现代化迈出新步伐。

（1）聚焦产业促进乡村发展。拓展农业多种功能、挖掘乡村多元价值，重点发展农产品加工业、乡村休闲旅游、农村电商三大产业；大力发展比较优势明显、带动农业农村能力强、就业容量大的县域富民产业，促进农民就地就近就业创业；加强农业面源污染综合治理，深入推进农业投入品减量化、废弃物利用资源化，推进农业农村绿色发展。

（2）稳妥推进乡村建设。健全自下而上、村民自治、农民参与的实施机制，坚持数量服从质量、进度服从实效，求好不求快，不超越发展阶段搞大融资、大开发、大建设。聚焦普惠性、基础性、兜底性民生建设，接续实施农村人居环境整治提升五年行动，加强农村道路、供水、用电、网络、住房安全等重点领域基础设施建设，强化基本公共服务县域统筹。

（3）突出实效改进乡村治理。强化县级党委抓乡促村，健全乡镇党委统一指挥和统筹协调机制，发挥驻村第一书记和工作队抓党建促乡村振兴作用。创新农村精神文明建设工作方法，推广积分制等治理方式，推进农村婚俗改革试点和殡葬习俗改革，持续推进乡村移风易俗。

第二节 乡村振兴战略要点解读

在"三农"政策带动下，我国农业农村发展取得了显著成就。农业现代化不断发展，农民实现持续增收，农村逐步走向振兴。中国共产党第十九次全国代表大会于 2017 年 10 月 18 日在京隆重开幕，在十九大报告中，"三农"问题被着重阐释并赋予新时代的新表述和新战略部署，提出了"乡村振兴战略"，这也是首次旗帜鲜明地将乡村振兴战略纳入报告中。报告中提出了 7 项重大战略，这是全党全国人民全面建成小康社会、建设农业现代化继而推进社会主义现代化时期的一项重大战略任务。乡村振兴战略继承了党"重农助农"的执政方向，又赋予新时代、新时期的新思想和新内涵。乡村振兴战略，首先加快推进农业农村现代化，加大对"三农"的支持力度，从而努力形成我国"三农"发展新格局。

随着乡村振兴战略的提出，"三农"工作的追求方向更加明确，实施乡村振兴战略的总要求是"产业兴旺、生态宜居、乡风文明、治理有效、生活富裕"五位一体，共涉及农村经济、政治、文化、社会、生态文明和党建工作等多个方面，彼此之间相互联系、相互协调、相互促进、相辅相成。农业兴、农村稳、农民富是"三农"发展的根本目标。

2018 年 9 月，中共中央、国务院印发了《乡村振兴战略规划（2018—2022 年）》，并发出通知，要求各地区各部门结合实际认真贯彻落实。乡村振兴战略是以习近平为总书记的党中央，立足当前农业、农村发展到新的历史阶段，设定的新目标，提出了更高的要求，是对"三农"政策的又一伟大战略决策。"三农"问题是关系国计民生的根本问题，乡村振兴战略是今后解决"三农"问题、全面激活农村发展新活力的重大行动，这个战略的实施将会促进社会主义的现代化进程。

一、乡村振兴战略提出的意义

实施乡村振兴战略，是党中央从党和国家事业全局出发、着眼于实现"两个一百年"奋斗目标、顺应亿万农民对美好生活向往作出的重大决策。《乡村振兴战略规划（2018—2022 年）》针对乡村振兴各项工作，部署了一系列重大工程、重大计划和重大行动，是推进实施乡村振兴战略的总蓝图、总路线图，对指导全国各族人民更好地推进乡村振兴战略实施，具有重要的现实意义和历史意义。

二、乡村振兴战略总目标

乡村振兴战略总目标：到 2020 年，乡村振兴取得重要进展，制度框架和政策体系基本形成；到 2035 年，乡村振兴取得决定性进展，农业农村现代化基本实现；到 2050 年，乡村全面振兴，农业强、农村美、农民富全面实现。

三、乡村振兴战略工作原则

八大原则统领乡村振兴工作，一是坚持党管农村工作的原则，以各级党委为核心，五级书记抓乡村振兴；二是坚持农业农村优先发展的原则，在干部配备上优先考虑，在要素配置上优先满足，在资金投入上优先保障，在公共服务上优先安排；三是坚持农民主体地位，农民是乡村振兴的实践者和受益者，充分调动农民的积极性，不断提升农民的获得感、幸福感、安全感；四是坚持乡村全面振兴的原则，实现农村政治建设、经济建设、社会建设、文化建设、生态文明建设以及党的建设工作的全面发展；五是坚持城乡融合发展的原则，促进城乡要素双向流动，形成工农互促、城乡互补、全面融合、共同繁荣的新型工农城乡关系；六是坚持人与自然和谐共生的原则，绿水青山就是金山银山，绝不走以牺牲生态环境为代价发展的老路；七是坚持改革创新、激发活力的原则，要深化农村改革，以乡村振兴创造良好的政策环境、制度环境，实现人尽其才、物尽其用、地尽其力；八是坚持因地制宜、循序渐进的原则，认识到我国农村发展的差异化，分类推进乡村有序实现农业农村现代化，不搞统一模式和"一刀切"的做法，要区别对待，根据发展阶段的不同、实际情况的不同进行区别处理，因地制宜制定符合实际的发展目标和指标。

四、乡村振兴指标体系

构建乡村振兴指标体系，可以对乡村振兴的进展情况进行全面考察，客观真实地反映各地乡村振兴发展水平，引导其全面协调可持续发展。按照十九大报告对乡村振兴提出的产业兴旺、生态宜居、乡风文明、治理有效、生活富裕的总要求，《乡村振兴战略规划（2018—2022 年）》提出 22 项具体指标，其中约束性指标 3 项，预期性指标 19 项，首次构建了乡村振兴指标体系。

一是在推动农村产业发展方面，提出保持粮食综合生产能力每年在 6 亿吨以上；到 2022 年，农业科技进步贡献率达到 61.5%，农业劳动生产率达到 5.5 万元/人，农产品加工产值与农业总产值比提高至 2.5，休闲农业和乡村旅游接待人次要达到 32 亿人次。

二是在建设生态宜居的美丽乡村方面，到 2022 年，畜禽粪污综合利用率达到 78%，村庄绿化覆盖率达到 32%，90% 以上的行政村实现对生活垃圾的处理，农村卫生厕所普及率超过 85%。

三是在注重乡风文明方面，到 2022 年，实现 98% 的行政村建有综合性文化服务中心，县级及以上文明村和乡镇占比超过 50%，农村义务教育学校专任教师本科以上学历比例要达到 68%，农村居民教育文化娱乐支出达到 13.6%。

四是在实现乡村的有效治理方面,到 2022 年,村庄规划管理覆盖率达到 90%,建有综合服务站的行政村达到 53%,村党组织书记兼任村委会主任的行政村达到 50%,100%行政村要制定本行政村的村规民约;集体经济强村占比达到 9%。

五是在增进农民的幸福感、获得感方面,到 2022 年,农村居民恩格尔系数降到 29.2%,城乡居民收入比降到 2.67,农村自来水普及率达到 85%,实现具备条件的建制村硬化路比例达到 100%。

五、乡村振兴战略工作重点任务

根据《乡村振兴战略规划(2018—2022 年)》,确定了我国阶段性乡村振兴战略重要任务,部署了 82 项推动乡村产业、人才、文化、生态和组织振兴的重大工程、重大计划和重大行动。

(一)产业兴旺——加快农业现代化步伐、发展壮大乡村产业

产业兴旺是乡村振兴的重点。坚持质量兴农、品牌强农,深化农业供给侧结构性改革,加快构建现代农业产业体系、生产体系、经营体系,推动农业发展质量变革、效率变革、动力变革,持续提高农业创新、农业竞争力和全要素生产率。实施质量兴农战略,突出农业绿色化、优质化、特色化、品牌化,深入推进绿色生态农业

"十大行动",大力发展"三品一标"农产品。

坚持以完善利益联结机制为核心,以制度、技术和商业模式创新为动力,推进农村一二三产业交叉融合,加快发展根植于农业农村、由当地农民主办、彰显地域特色和乡村价值的产业体系,推动乡村产业全面振兴。

(二)生态宜居——建设生态宜居的美丽乡村

生态宜居是乡村振兴的关键。坚持以生态环境友好和资源永续利用为导向,推动形成农业绿色生产方式,实现投入品减量化、生产清洁化、废弃物资源化、产业模式生态化,提高农业可持续发展能力。以建设美丽宜居村庄为导向,以农村垃圾、污水治理和村容村貌提升为主攻方向,开展农村人居环境整治行动,全面提升农村人居环境质量。大力实施乡村生态保护与修复重大工程,完善重要生态系统保护制度,促进乡村生产生活环境稳步改善,自然生态系统功能和稳定性全面提升,生态产品供给能力进一步增强。

(三)乡风文明——繁荣发展乡村文化

文化繁荣是乡村振兴的保障。乡村文化也是过去农村发展的痛点所在,《乡村振兴战略规划(2018—2022年)》提出,一要加强农村思想道德建设,持续推进农村精神文明建设,提升农民精神风貌,倡导科学文明生活,不断提高乡村社会文明程度;二要弘扬中华优秀传统文化，立足乡村文明，吸取城市文明及外来文化优秀成果，在保护传承的基础上，创造性转化、创新性发展，不断赋予时代内涵、丰富表现形式，为增强文化自信提供优质载体；三要丰富乡村文化生活，推动城乡公共文化服务体系融合发展，增加优秀乡村文化产品和服务供给，活跃繁荣农村文化市场，为广大农民提供高质量的精神营养。

（四）治理有效——健全现代乡村治理体系

治理有效是乡村振兴的基础。要坚持把夯实基层基础作为固本之策，建立健全党委领导、政府负责、社会协同、公众参与、法治保障的现代乡村社会治理体制。一是加强农村基层党组织对乡村振兴的全面领导。以农村基层党组织建设为主线，突出政治功能，提升组织力，把农村基层党组织建成宣传党的主张、贯彻党的决定、领导基层治理、团结动员群众、推动改革发展的坚强战斗堡垒。二是促进自治法治德治有机结合。坚持自治为基、法治为本、德治为先，健全和创新村党组织领导的充满活力的村民自治机制，强化法律权威地位，以德治滋养法治、涵养自治，让德治贯穿乡村治理全过程。三是夯实基层政权。科学设置乡镇机构，构建简约高效的基层管理体制，健全农村基层服务体系，夯实乡村治理基础。

（五）生活富裕——保障和改善民生

生活富裕是乡村振兴的最终目的。乡村振兴要解决农民群众最关心最直接最现实的利益问题。《乡村振兴战略规划（2018—2022年）》提出三点要求：一是加强农村基础设施建设。继续把基础设施建设重点放在农村，持续加大投入力度，加快补齐农村基础设施短板，促进城乡基础设施互联互通，推动农村基础设施提档升级。二是提升农村劳动力就业质量。坚持就业优先战略和积极就业政策，健全城乡均等的公共就业服务体系，不断提升农村劳动者素质，拓展农民外出就业和就地就近就业空间、实现更高质量和更充分就业。三是增加农村公共服务供给。继续把国家社会事业发展的重点放在农村，促进公共教育、医疗卫生、社会保障等资源向农村倾斜，逐步建立健全全民覆盖、普惠共享、城乡一体的基本公共服务体系，推进城乡基本公共服务均等化。

实施乡村振兴战略是改革开放40余年来不断探索和不断丰富的结果，符合中国的乡村发展规律。实现乡村振兴是前无古人、后无来者的伟大创举，没有现成、可照抄照搬的经验。从"美丽乡村"建设、社会主义新农村建设，再到乡村振兴战略的实施，对城乡关系的处理也经历了从城乡兼顾、统筹城乡，再到城乡融合的发展历程，探索出一条符合中国国情的乡村振兴之路。乡村振兴战略既是顶层设计，又符合中国国情，符合中国乡村建设规律，对于全面建设社会主义现代化国家、实现第二个百年奋斗目标具有创新性的实践意义。

【议一议】

1. 实施乡村振兴战略的重点有哪些?

2. 实施乡村振兴战略具有什么意义?

第二章　农业政策：从传统农业向现代农业转变

2012 年以来，各地区各部门认真贯彻中央决策部署，上下一心、众志成城，农业发展取得重大成就，农业底子更加扎实，发展势头更加强劲；截至 2018 年底，全国农村承包地确权登记颁证工作基本完成，土地"三权分置"改革硕果丰厚，农业补贴深得民心；2021 年我国粮食产量再创新高，连续 7 年保持在 1.3 万亿斤以上。大中小型、田间末级农田水利设施建设加快推进，农业社会化服务主体不断增加，社会化服务质量明显提高。农产品生产、加工、储藏、流通等各环节建设环环相扣、稳步推进，涉及农业发展的法律、制度、政策不断完善。中国农业发展在粮食自给和保障国民经济健康发展方面为实现农业强、农民富、农村美的乡村振兴和全面建成小康社会的目标提供了坚实支撑，这些都得益于党和政府的农业好政策。具体的农业政策包括土地承包与流转政策、农业补贴政策、粮食生产政策、农产品销售加工储存监管政策、农田水利建设政策、农业社会化服务政策等。

第一节　确保粮食安全

粮食生产是安天下、稳民心的战略产业。2013 年 12 月，习近平总书记在中央农村工作会议中指出，"我国是个人口众多的大国，解决好吃饭问题始终是治国理政的头等大事"。《中共中央关于制定国民经济和社会发展第十三个五年规划的建议》提出，坚持最严格的耕地保护制度，坚守耕地红线，实施"藏粮于地、藏粮于技"战略，提高粮食产能，确保谷物基本自给、口粮绝对安全。

党的十九大报告中明确提出，要确保国家粮食安全，把中国人的饭碗牢牢端在自己手中，体现了党中央对维护国家粮食安全的坚定决心。2021 年是我国现代化建设进程中具有特殊重要性的一年，"十四五"开局，全面建设社会主义现代化国家新征程开启，又是建党一百周年，保持粮食生产稳定意义重大。

当前，国家高度重视"粮食安全"，与往年相比，2022 年中央一号文件将"保障国家粮食安全"提升到"底线"的高度，全文 5 次提到"粮食安全"，并强调粮食安全党政同责、强化粮食库存动态监管、落实粮食节约行动方案，粮食安全重要性突出。国家对于粮食安全的重视主要是出于特殊时期和背景的考量，当前新冠肺炎疫情全球蔓延的背景下，许多国家对粮食出口进行了限制，国际粮食格局发生很大变化，国际粮价波动剧烈，世界形势变得复杂，中国人必须要端稳中国人的"饭碗"，发挥粮食安全的"压舱石"作用。2022 年中央一号文件还聚焦调整粮食生产结构，提出要大力实施大豆和油料产能提升工程。我国大豆和油料进口依存程度高，近期国际上油料价格上涨明显，对我国油料进口造成一定影响。因此 2022 年中央一号文件提出要扩种大豆和油料，并提出稳定大豆等生产者补贴政策、加大产油大县奖励力度等配套举措，有助于调动农民生产大豆和油料的积极性，降低对进口的依赖，增强抵御外部风险的能力。

一、"十三五"期间粮食安全形势与政策

"十三五"时期，我国人多地少的基本国情决定了我们必须把关系十几亿人吃饭大事的耕地保护好，持续增加粮食生产，保证粮食安全，通过强化政策扶持，加强基础建设，推进科技创新，实现了粮食生产稳定发展，粮食供给能力显著增强，供求状况得到改善，发挥粮食安全的"压舱石"作用。

(一) 粮食生产水平稳定发展

藏粮于地，守好粮食生产的命根子。"十三五"以来，我国粮

食生产稳定发展。2020 年粮食总产达到 66 949 万吨，连续稳定在 65 000 万吨以上，粮食生产实现了"十七连丰"，基本实现谷物自给，口粮绝对安全。5 年来，粮食播种面积保持稳定，2020 年达到 17.5 亿多亩。粮食单位面积产量持续上升，2020 年达到 382.3 千克/亩，比 2015 年增长了 12.1 千克，人均粮食占有量超过 470 千克，高于世界平均水平，也高于国际公认的 400 千克安全线。国家粮食供给能力显著增强，推动了百姓从"吃得饱"向"吃得好""吃得健康"转变。

（二）粮食综合产能稳步提升

习近平总书记强调，粮食安全是"国之大者"。实施以我为主、立足国内、确保产能、适度进口、科技支撑的国家粮食安全战略。从解决好种子和耕地问题到把"藏粮于地、藏粮于技"战略真正落实到位。坚持把提高农业综合生产能力放在更加突出的位置，深入推进"藏粮于地、藏粮于技"战略，推动国家粮食安全战略不断深化。

2014 年 12 月 2 日，习近平总书记在中央全面深化改革领导小组第七次会议上，指出农村土地制度改革必须坚守"坚持土地公有制性质不改变，耕地红线不突破，农民利益不受损"三条红线，坚持最严格的耕地保护制度和最严格的节约用地制度。2017 年 1 月

23 日，新华社授权发布的《中共中央　国务院关于加强耕地保护和改进占补平衡的意见》再一次强调了这三条底线。

在确保永久基本农田保持不变基础上，科学合理划定 10.58 亿亩粮食生产功能区和重要农产品生产保护区。截至 2020 年底，农田有效灌溉面积达到 10.37 亿亩，高效节水灌溉面积达到 5.67 亿亩，农田灌溉水有效利用系数达到 0.559，灌溉面积上生产的粮食占 75%，一半农田实现了"旱能灌、涝能排"。

以保障主要农产品有效供给为目标，以提高农业综合生产能力为主线，以粮食等大宗农产品主产区为重点，按照集中连片、旱涝保收、稳产高产、生态友好的要求，大力推进高标准农田建设，夯实农业发展基础，为发展现代农业、全面建设小康社会奠定坚实基础。已建成 8 亿亩旱涝保收、高产稳产的高标准农田，每亩产能提高 10%~20%。2022 年全国将建成 10 亿亩高产稳产的高标准农田。

（三）农业科技支撑显著增强

在坚持走中国特色农业科技自主创新道路上，我国正在加快农业发展由依赖资源要素投入转向创新驱动发展。围绕粮食生产和产业发展的需求，吸引高水平科研团队，引导广大农业科技工作者开展联合试验攻关和技术示范推广，提高农业科技成果转化利用率，为现代农业发展真正注入科技创新技术。

2021 年 11 月 19 日，在 2021 中国农业农村科技发展高峰论坛暨中国现代农业发展论坛上，《"十三五"中国农业农村科技发展报告》（以下简称《报告》）发布。《报告》显示，在确保粮食安全上，我国在 13 个粮食主产省全面实施"粮食丰产增效科技创新"重大工程，一批新技术、新品种、新装备运用于粮食主产区，品种对单产的贡献率达到 45%，为确保粮食生产能力稳定在 1.3 万亿斤提供了强有力支撑；在助力脱贫攻坚上，组建了 4 100 多个产业扶贫技术专家组指导产业扶贫，550 个科技服务团和专家组深入"三区三州"，着力打造"一乡一品""一县一业"；在助推生态宜居上，为全国卫生厕所普及、农村沼气建设提供技术解决方案和成果转化服务，支撑美丽乡村建设。

（四）农业经营方式不断完善

当前，我国正处于实现农业农村现代化目标的关键时期，农村脱贫成果也进入巩固拓展阶段。"互联网+农业"是利用信息技术、互联网平台与传统行业进行深度融合，是一种农业经营新模式，正在改变小农生产方式，创造了许多农业的新产业和新模式。

从国际上看，一些发达国家的农业现代化水平越来越高，现代农业发展经营的新模式不断涌现，国际市场上农业和农产品贸易竞争愈演愈烈，中央"三农"政策聚焦解决农业增效、农民增收和农村增绿问题，更加重视农业科学化、信息化、国际化和标准化发展，为今后我国农业经营模式创新发展指明了方向。

通过培育壮大新型经营主体，不断发展壮大农村集体经济，加快形成家庭经营、合作经营、企业经营、集体经营共同发展的新型现代农业经营体系，成为引领乡村振兴的"加速器"。截至 2021 年 9 月底，全国家庭农场超过 380 万个，平均经营规模 134.3 亩。目前，全国依法登记的农民合作社 223 万家，带动全国近一半农户。全国市级以上农业产业化龙头企业共吸纳近 1 400 万农民稳定就业，各类农业产业化组织辐射带动 1.27 亿农户，户均年增收超过 3 500 元。农业专业服务公司等各类农业社会化服务组织已超近 95 万个，服务小农户 7 800 万户。

二、增强我国粮食安全保障能力的政策措施

农业是一个国家经济发展的基础，粮食安全关系国计民生。由于受到国际市场环境、国内农业生产环境和农业生产成本等因素的影响，我国粮食生产还存在许多不安全的因素，未来我国粮食生产将面临更大的挑战。因此我们必须严格落实"藏粮于地，藏粮于技"战略，出台一系列政策措施，保证粮食产能稳步提升，确保将 14 亿中国人的饭碗牢牢端在自己手中。

（一）切实稳定粮食播种面积

进一步加大耕地保护力度，坚持耕地数量、质量、生态"三位一体"保护措施，深入落实"藏粮于地"。一是稳定粮食耕地面积，坚守18亿亩耕地红线落实最严格的耕地保护制度，加强耕地用途管制，实行永久基本农田特殊保护。政府在工业化用地、城市化用地的问题上要起到调控的作用，防止出现各类建设用地侵占行为。严禁违规占用耕地和违背自然规律绿化造林、挖湖造景，严格控制非农建设占用耕地，建立健全耕地数量、种粮情况监测预警及评价通报机制。同时要持续开展耕地质量保护与提升行动，通过深耕深松、秸秆还田、测土配方施肥等措施，保护提升耕地地力，实现"藏粮于地"。

（二）落实粮食生产扶持政策

粮食生产扶持政策主要有3个方面，一是强化粮食生产扶持政策，坚持并完善稻谷、小麦最低收购价政策，及时反映农民和市场主体的诉求与建议，发挥市场机制作用，促进优质优价，加快建立种粮农民收益保障机制，让农民愿意种粮、种好粮。二是积极发展乡村特色产业、农产品产地初加工、农村电商、冷链物流等，推动完善农产品流通体系和市场体系，积极培育农产品市场运营主体，实现农产品高效流通，推动农产品市场健康发展，提升农业产业综合效益。三是大力发展社会化服务。扶持培育壮大新型农业经营主体，支持发展农业生产社会化服务组织，为外出务工和无力耕种农户提供全程托管服务。通过代耕代种、代育代插、联耕联种、土地托管等形式，推进粮食适度规模经营和集约化生产。

（三）加快"粮食生产功能区和重要农产品生产保护区"规划与建设

建立"两区"是保障国家粮食安全、深化农业供给侧结构性改革的重大战略决策和重要制度性安排。积极推进"两区"划定和建设，实施"藏粮于地、藏粮于技"战略，为推进农业现代化建设奠定坚实基础。

综合考虑消费需求、生产现状、水土资源条件等因素，科学合理划定粮食生产功能区和重要农产品生产保护区，完善支持政策和制度保障体系，引导农民参与"两区"划定、建设和管护，鼓励农民发展粮食和重要农产品生产，稳定粮食和重要农产品种植面积，保持种植收益在合理水平，确保"两区"建得好、管得住，能够长久发挥作用。

同时引导"两区"目标作物种植，实现"分区施策、按区种植"。加快"两区"内高标准农田建设，整体提升"两区"综合生产能力。

（四）大力推进高标准农田建设

农田质量是粮食安全的根基。要围绕实施乡村振兴战略，按照农业高质量发展要求，加强规划布局，持续推进高标准农田建设。

制定实施新一轮全国高标准农田建设规划，优化高标准农田建设布局，优先安排建设已划为永久基本农田、水土资源条件较好、开发潜力较大的地块，达到集中连片、旱涝保收、高产稳产、生态友好的高标准农田建设标准。同时把高标准农田建设作为支农投入的重点，加大财政投入力度，把高标准农田建设与优势特色产业、农业产业结构调整紧密联系起来，集中连片规划高标准农田，打造优质高效农业示范基地。通过实施项目工程，提升农业耕地综合生产力，促进土地提档升级，带动农民增收。

（五）开展绿色高质高效行动

以绿色发展为导向，结合高标准农田建设，各地区根据种植作物特征，开展重点作物绿色高质高效行动项目。围绕整地、播种、管理、收获等环节，推广成熟的"全环节"绿色节本高效技术。引领"全县域"农业绿色发展，全面推动生产方式变革、单产水平提升，形成一批适合本区域的可复制推广的技术模式。辐射带动大面积增产增效，推动粮食生产转型升级和高质量发展。

（六）强化粮食安全省长责任制考核

2020年5月23日，习近平总书记看望参加全国政协十三届三次会议的经济界委员时强调，要保障粮食等主要农产品生产供给，强化"米袋子"省长负责制考核。粮食安全省长责任制是党中央、国务院为保障国家粮食安全而作出的一项重要制度安排，开展考核是推进粮食安全治理体系和治理能力现代化的有力举措。

要通过抓考核，建立完善分级负责的粮食安全责任体系，优化完善粮食面积、产量考核评分标准，健全完善落实粮食安全省长责任制、保障粮食安全的长效机制，强化对稳住粮食生产的硬约束，强化地方政府维护国家粮食安全的主体责任，推动形成齐抓共管保障国家粮食安全的合力，增强粮食安全保障能力，确保国家粮食安全战略顺利实施。

（七）统筹国际国内两个市场，守国家粮食安全底线

统筹利用国内国外两个市场，掌握粮食进口的主动权，牢牢稳住农业基本盘，以国内供给的稳定性应对国际环境的不确定性。一方面，管好用好库存粮食，发挥其"调节器"作用，加大对投机资本的打击力度，强化底线思维，引导国内粮价回归合理区间。通过技术创新、模式创新，特别是在适宜地区抓好大豆玉米带状复合种植，增强国内稳产的确定性。另一方面，加强国际合作，与国际粮商深化合作关系，建立稳定可靠的贸易关系，在全球范围内完善我国内外联通的粮食供应网络，提升对全球粮食产业链的掌控力和话

语权，深化国际粮食生产、加工、贸易、投资等多双边合作，更好利用国际资源保障国内粮食需求。

当今世界形势复杂多变，通过云计算、大数据等信息技术平台，加强对全球粮食供求情况与国际粮食价格波动的监测，及时做好风险预警与研判，保障国家的粮食安全。

【想一想】

1. 我国为什么要牢牢守住18亿亩耕地红线？

2. 如何增强我国粮食安全保障能力？

第二节　加快农业机械化

农业机械化是促进农业农村现代化进步的基础和关键。党的十八大以来，我国在农业机械化方面取得的成绩举世瞩目，不仅有持续增长的农机装备总量、快速提升的农机作业水平、不断增强的社会化服务能力，而且农机拥有量和使用量也都位居世界前列，国家农业机械化水平不断提升，走进机械化为主导的新阶段，农业生产更是从原来的依靠人力畜力转变为依靠机械动力。习近平总书记指出，要大力推进农业机械化和智能化，用科技为农业现代化赋能。

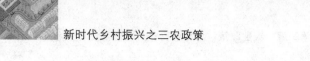

国务院印发的《关于加快推进农业机械化和农机装备产业转型升级的指导意见》提出，农业机械化和农机装备是转变农业发展方式、提高农村生产力的重要基础，是实施乡村振兴战略的重要支撑。没有农业机械化，就没有农业农村现代化。

一、农业机械化加快转型升级

（一）农机拥有量位居世界前列

"十三五"期间，我国在农机购置补贴资金上投入共 958 亿元，在机具购置上共支持 1 014 万户农民购置 1 184 万台（套），农机装备在总量上稳步提升。截至 2019 年底，我国农机总量约 2 亿台套，达到了 10.28 亿千瓦总动力，较"十二五"末提高 13.9%。大型农机比重明显加大，80 马力以上拖拉机、乘坐式插秧机、自走式玉米联合收获机保有量分别达到 127.28 万台、27.95 万台和 46.02 万台，分别较"十二五"末增长 62.5%、15.3%和 46.9%；绿色农机保有量显著增长，秸秆粉碎还田机保有量 97.05 万台，畜禽粪污处理机械 7.79 万台（套），粮食烘干设备达到 12.79 万台；智能化农机亮点纷呈，北斗示范应用加快推进，自动驾驶拖拉机、无人插秧机、无人地面植保机、无人联合收割机等智能化设备应用更加广泛，植保无人飞机达到 3.96 万架。

（二）机械化水平跨上新台阶

2019 年，全国农作物耕种收综合机械化率跨过 70% 大关，实现了 70.02% 的机械化率，在"十三五"攻关之年实现了规划目标，机械植保五项作业总面积实现了 67.5 亿亩的好成绩，与 2015 年比提升了 10%。在机播率、机耕率和机收率上分别达到 57.30%、85.22% 和 62.46%，分别比 2015 年提高 5.2%、4.8% 和 9.1%，基本实现了在主要粮食作物生产的全过程中机械化，小麦、玉米和水稻这三大粮食作物在耕种收综合机械化率上分别达到了 83.73%、96.36% 和 88.95%，比 2015 年末提高了 5.6%、2.7% 和 7.7%。加快突破了我国在薄弱环节的机械化进程，棉花、花生、油菜机收率分别达到 50.13%、46.05%、44.00%，比 2015 年末提高了 31.3%、15.9% 和 14.6%。在设施农业、畜牧养殖等各业机械化上也取得了显著进展，机械化水平分别达到 38.31%、34.21%。"十三五"末年，取得了全国农作物机收率 71% 的成果进展，我国共 614 个县基本实现主要农作物生产全程机械化，真正将农民从体力化耕收中解脱出来，农业生产方式从此也实现了从人畜力为主到机械作业为主的历史性跨越。

（三）农机服务成为农业生产服务的主力军

我国新型社会化服务组织（指农机大户、农机合作社、农机专业协会、农机作业公司等）不断发展壮大，特别是在一些订单服务、承包服务、生产托管以及跨区作业等方面发展如火如荼。各种农机社会化服务模式如"全托管""机农合一"以及"全程机械化+综合农事"等在发展过程中不断创新，农业产业各个领域中陆续引进农机作业服务。截至 2019 年，我国共有 4 074 万个农机户，19.22 万个农机化服务组织，其中包括 7.44 万个农机合作社，4 676.5 万人次的农机从业人员；农机跨区作业面积以及农机合作社作业服务面积也都有所提高，分别为 3.07 亿亩和 7.94 亿亩。农机社会化服务开拓了农民收入渠道，使得收入大幅提升，同时也发展成为农业生产性服务业的重要力量，在我国推进小农户与现代农业发展的有机衔接过程中发挥了重要的承上启下的作用，成为构建集约化、专业化、组织化、社会化相结合的新型农业经营体系的重要支撑。

（四）农机装备制造迈入大国行列

近年来，我国在农机制造能力和水平方面发展突飞猛进，生产效率和产品质量获得质的飞跃。截至 2019 年，全国共有 8 000 多家农机装备生产企业，其中有超过 1 700 家的规模以上企业，在农机装备的制造上几乎涵盖了所有门类，可以生产出共 4 000 多种农机产品，能够满足九成以上的国内市场需求，占全球国际贸易总量的

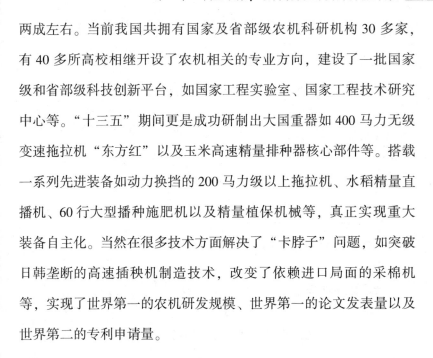

两成左右。当前我国共拥有国家及省部级农机科研机构 30 多家，有 40 多所高校相继开设了农机相关的专业方向，建设了一批国家级和省部级科技创新平台，如国家工程实验室、国家工程技术研究中心等。"十三五"期间更是成功研制出大国重器如 400 马力无级变速拖拉机"东方红"以及玉米高速精量排种器核心部件等。搭载一系列先进装备如动力换挡的 200 马力级以上拖拉机、水稻精量直播机、60 行大型播种施肥机以及精量植保机械等，真正实现重大装备自主化。当然在很多技术方面解决了"卡脖子"问题，如突破日韩垄断的高速插秧机制造技术，改变了依赖进口局面的采棉机等，实现了世界第一的农机研发规模、世界第一的论文发表量以及世界第二的专利申请量。

二、"十四五"农业机械化发展规划

《"十四五"全国农业机械化发展规划》（以下简称《规划》）中明确提出要不断加强对于智能化、大中型以及复合型农业机械的研发和应用，真正打造出中国的农机装备前端企业和知名品牌。加速推动各种战略性经济作物以及粮食作物在育、耕、种、管、收、运、贮等薄弱环节所需要的先进农机装备的研制进程。同时也要推进适合丘陵山区农业生产需求的高效专用农机的研发和制造。实现在提升关键核心技术、关键材料和重要零部件等制约整机综合性能发展方面的技术攻关，强化研发绿色智能的畜产养殖装备，从而推进我国在全领域的农业机械化发展。《规划》中还明确要求要健全农作物生产体系上的全程机械化，加快推进各方集成配套。加强对于在智能化、高端化以及安全农机装备上的支持力度，全面提升我国农机装备全水平在国际上的竞争力。推进"机械装备+养殖工艺"的融合，提升畜牧水产养殖业的机械化程度，推动绿色环保理念在农机中的应用。加强基础设施建设，发展农机服务中的"全程机械化+综合农事"新模式。

三、政策保障

在《2021—2023 年农机购置补贴实施指导意见》中明确指出，中央财政资金全国农机购置补贴机具种类范围（以下简称"全国补贴范围"）为 15 大类 44 个小类共 172 个品目。各省从供需实际出发，在全国的所有补贴范围内优先择取当地的补贴机具品目，从而因地制宜满足各地在粮食等农畜产品生产、特色化农业生产和农业绿色、数字化发展中所需的补贴资金，也在补贴范围中纳入了更多符合条件的高端、智能产品，提升补贴标准、增大了补贴力度。测算比例提高了 5%，一般补贴机具单机补贴限额原则上不超过 5 万元；挤奶机械、烘干机单机补贴限额不超过 12 万元；100 马力以上拖拉机、高性能青饲料收获机、大型免耕播种机、大型联合收割机、水稻大型浸种催芽程控设备、畜禽粪污资源化利用机具单机补贴限额不超过 15 万元；200 马力以上拖拉机单机补贴限额不超过 25 万元；大型甘蔗收获机单机补贴限额不超过 40 万元；大型棉花收获机单机、成套设施装备单套补贴限额不超过 60 万元。西藏和新疆南疆五地州（含南疆垦区）继续按照《农业部办公厅、财政部办公厅关于在西藏和新疆南疆地区开展差别化农机购置补贴试点的通知》执行。在全国多省份实行补贴机具品目，各省农机化主管机构加强信息互通和共享，实现分档与补贴额之间的相对统一稳定关系。

【想一想】

1. 我国为了加快农业机械化转型升级采取了哪些措施？
2. 我国为了加快农业机械化转型升级出台了哪些政策？

第三节　高标准农田建设

我国始终坚守 18 亿亩耕地红线不动摇，原因是耕地是发展农业的基础，是保障粮食安全的根本之需，当然更是农民的立身之本。在机构改革之前，全国各地认真落实中央决策部署和发展改革、自然、农业、水利、财政等多部门所提出的要求，合力推进高标准高质量农田的建设并取得了积极进展。机构改革后，对各职能部门进行职责整合，将农业投资、农业综合开发等农田建设项目有机整合，改为由各地农业农村部门进行统一管理。进一步理顺了我国在农田建设中的管理体制，进一步加大了资金的整合规模和力度，改变了我国原有的"五牛下田"多头管理的局面，真正在农田建设管理中迎来新局面和新突破，高标准农田建设从此取得新的成效。

一、取得新成效

（一）农田建设任务全面完成

2018—2020年三年间全国分别新增约8 200万亩、8 150万亩、8 000万亩高标准农田，连续3年超额完成年度计划，彻底实现了全国建设8亿亩高标准农田的目标。从区域分布上看来，从2011年起到2019年止，我国的粮食主产省（13个）累计建成的高标准农田面积占了全国的七成左右，在我国粮食安全目标中发挥了至关重要的作用，在整个乡村振兴的进程中奠定了坚实基础。首先，进一步夯实了国家粮食安全发展的根基。建成后项目区农田的基础配套设施比较完善，生产条件改善，农田的抗灾减灾、旱涝保收能力都有大幅度的提升。高标准农田粮食产能提高了 10～20 个百分点。其次，加快农业转型升级和绿色发展。高标准农田的灌排和交通体系更加完善，进一步提升了土地规模化经营以及农业机械化生产水平，使得农业节本效果提升，农村面源污染减少，农业发展后劲迅猛增加，实现农业发展方式的转变。最后，农民增收效果显著。与前期相比，高标准农田项目区农业生产条件进一步改善，通过节约人工、肥料、农药等投入和增加综合收益，亩均可促进当地农民年收入增长 500 元左右，真正让农民享受到科技红利。

（二）制度标准体系不断完善

2019 年末，国务院办公厅印发的《关于切实加强高标准农田建设提升国家粮食安全保障能力的意见》，明确提出后续全国在高标准农田建设上的指导思想、基本原则、目标任务和工作机制等，压实了各地方政府的主体责任，形成责任清单，凝结起各部门和大众的共识，增强了各基层农业农村机构的信心和决心，创造了深入推进高标准农田建设有利条件。同时，农业农村部稳步做好农田建设法规制度的顶层设计，制定并不断完善在项目、资金管理以及监督评估等方面的制度规定。一是印发了《农田建设项目管理办法》，使得农田建设项目管理程序和要求进一步明确。二是与财政部等多部门联合印发《农田建设补助资金管理办法》以及《关于中央预算内投资补助地方农业项目投资计划管理有关问题的通知》，打通不同渠道资金在使用管理要求上的壁垒，为高标准农田项目顺利实施打好政策根基。三是研究并制定出《高标准农田建设评价激励实施办法（试行）通知》，明确各方责任，激发各地积极性、主观能动性和创新能力。

（三）资金筹措途径有效拓宽

机构进行改革后，高标准农田建设主要由两方面中央财政资金构成，即中央预算内投资（由国家发展和改革委员会管理）和中央财政转移支付农田建设补助资金（由财政部管理）。2020 年两渠道落实的农田建设补助资金共 867 亿元，与 2019 年相比，提高了 7.8 亿元。同时，全国积极开拓投资渠道（如创新投融资模式、发行专项债务、充分利用新增耕地指标调剂收益等方式），在高标准农田建设中加大投入。同年，江西、山东、四川等多省使用高标准农田建设的专项债、抗疫特别国债和一般债券等达到 180 多亿元。

（四）评价激励作用逐步显化

按照国务院办公厅印发的《关于对真抓实干成效明显地方进一步加大激励支持力度的通知》《关于印发粮食安全省长责任制考核办法的通知》和农业农村部印发的《关于高标准农田建设评价激励实施办法（试行）》要求，在 2019—2020 年，对全国的 31 个省

（自治区、直辖市）的高标准农田建设情况开展了综合评估和粮食安全省长责任制的绩效考核。其中，对于位于综合排名前列的、有显著建设成效的省份由国务院办公厅进行表彰奖励；粮食安全省长责任制考核由国家粮食和物资储备局牵头进行汇总，由国务院办公厅进行通报。通过此举措，压实地方责任，有力推进全国农田建设工作。

二、管护力度持续加大

高标准农田建设工作是中央和地方共同事权，建后管护利用工作由地方负责。近年来，江苏、安徽、山东等多省陆续制定了高标准农田建设项目的后期管理和保护制度，同时在地方财政预算中也推出了专项经费补贴以应对农田基础设施管护运营，有效调动了管护主体的积极性。如江西省实行"县负总责、乡镇监管、村为主体"的建后管护机制，目前已有60多个县对建成的高标准农田安排了10~20元/亩的后期管护经费。山东省建立"县负总责、乡镇落实、村为主体、所有者管护、使用者自护、受益者参与"的管护机制，管护经费主要由财政补助、市场化运作和村集体公益金提取等组成。虽然，高标准农田在建设中确实取得了一部分效果，但仍面临建设任务艰巨、建设资金缺口大、建后管护困难等问题，亟须进一步研究解决。当前和今后一个时期，高标准农田建设将继续以习近平新时代中国特色社会主义思想为指导，紧紧围绕服务全面实施乡村振兴战略的总抓手，按照保障国家粮食安全的总体要求，贯彻落实好"藏粮于地、藏粮于技"的总战略，加快补齐农业基础设施短板，为保障国家粮食安全提供坚实支撑。

（一）加强组织领导

进一步完善体制机制，强化省级政府粮食安全责任制，加强部门协同，落实高标准农田建设"五统一"要求。

（二）完善规划体系

充分发挥规划的指引作用。实施新一轮高标准农田建设规划，指导各地因地制宜发展，坚持新建与改造并重，关注重点区块和区域，突出重点目标，找准建设方向，认真谋划重点工程和项目，加快编制当地特色规划，构建国家、省、市、县四级农建体系。

（三）健全制度标准

加快制定贯彻落实国务院办公厅推出的《关于切实加强高标准农田建设提升国家粮食安全保障能力的意见》等配套制度，形成"权责明晰、分级管理、放管结合、科学高效"的新时期农田建设管理制度体系，夯实全面提升农田建设系统治理能力的政策基础。加快修订高标准农田建设通则等国家标准，特别是对于在高标准农田建设和管理过程中比较薄弱的环节，共同探讨制定出行业内的准

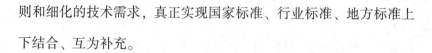

则和细化的技术需求，真正实现国家标准、行业标准、地方标准上下结合、互为补充。

（四）强化资金保障

加强与相关部门的沟通协调，推动建立健全中央财政支持农田建设投入的稳定增长机制。鼓励地方发挥政府"有形之手"作用，加以引导和撬动，通过多方整合涉农资金、采用新的投融资模式、充分利用新增耕地所带来的调剂收益等多种方式，有序引导金融、社会资本以及农业新型经营主体等投入高标准农田建设，实现筹资渠道的拓宽和多元化发展，切实提高建设标准，调动地方实施高标准农田建设的积极性，有效提高建设成效。

（五）建立健全管护机制

结合农村集体产权制改革，建立健全高标准农田建后管护机制，明确管护主体，落实管护责任。指导各地主动总结和学习经验做法，建立适合当地发展的管护经费的有效保障机制，采取有效方式调动受益主体和村集体开展工程管护的积极性，从而保障工程设施的正常运行。

三、政策保障措施

"十四五"开年之际，在国务院批复下农业农村部印发了《全国高标准农田建设规划（2021—2030 年）》。建设目标是到 2022 年建成高标准农田 10 亿亩，到 2025 年建成 10.75 亿亩高标准农田，提升改造 1.05 亿亩高标准农田。实现新一轮高标准农田建设与国土空间规划"一张图"的目标。在粮食生产功能区以及保护区建设的预期目标是：用 3 年时间完成 10 亿亩以上信息化管理的"两区"建设，用 5 年时间完成对"两区"基础设施、管护能力、粮食产能提升的建设任务，使国家粮食安全战略得到巩固。具体实施内容有以下几方面。

（一）对于粮食生产功能区的划定

2017 年，国务院在《关于建立粮食生产功能区和重要农产品生产保护区的指导意见》等政策中明确指出，要以黄淮海地区、长江中下游、西北及西南优势区为重点，划定出小麦生产功能区共 3.2 亿亩，其中有 6 000 万亩水稻和小麦复种区；以东北平原、长江流域、东南沿海优势区为重点，划定水稻生产功能区共 3.4 亿亩；以松嫩平原、三江平原、辽河平原、黄淮海地区以及汾河和渭河流域等优势区为重点，划定玉米生产功能区共 4.5 亿亩，其中共有 1.5 亿亩小麦和玉米复种区。

（二）做好农产品生产重点保护区的划定

以东北地区为重点，黄淮海地区为补充，共划定大豆生产保护区 1

亿亩（含小麦和大豆复种区 2 000 万亩）；以新疆为重点，黄河流域、长江流域主产区为补充，划定 3 500 万亩的棉花生产保护区；以广西、云南为重点，划定糖料蔗生产保护区 1 500 万亩；以海南、云南、广东为中心，划定天然橡胶保护区 1 800 万亩；以长江流域为重点，划定 7 000 万亩油菜籽保护区（含 6 000 万亩水稻和油菜籽复种区）。

（三）完成"两区"综合建设任务

要加大政府财政的支持力度，利用金融以担保、保险、资产抵押等形式提高农业金融保险的覆盖面和服务范围，积极吸引和利用社会资本，重点在于对高标准农田建设、橡胶生产基地、土地整治、各级农田水利设施建设、节水灌溉设备的配备等设施的扶持。要完善土地流转市场的建设，加强土地流转管理和服务，将农户闲散的土地有序地流转到给土地承包大户，进行规模化经营，巩固农产品的供给能力。要利用"互联网+"现代化信息技术，健全农业社会化服务体系，提高对农业生产者的农业技术服务、耕种收服务等全过程、全方位的农业社会化服务能力。

【想一想】

1. 高标准农田建设取得了哪些成就？

2. 高标准农田建设具体实施内容有哪些？

第四节　农业保险保平安

近年来，在政府的支持下，农业保险迅速发展，高标准设计逐步完善，农业保险的产品与服务不断得到改进。逐步形成了"政府引导、市场运作、自主自愿、协同推进"的农业保险发展模式，并初步建立起覆盖全国、涵盖主要大宗农产品的农业生产保障体系。稳定农业生产，增加农民收入，是我国实施强农、惠及民生、扶持农业、保护农业、实现农业现代化的重要措施。

一、农业保险成效显著

（一）顶层设计逐步完善

党中央、国务院对发展农业保险给予了高度重视。2019 年 5 月，中央全面深化改革委员会第八次会议审议并原则同意《关于加快农业保险高质量发展的指导意见》（以下简称《意见》）。2019 年 9 月，财政部会同农业农村部、中国银行保险监督管理委员会、国家森林和草原局联合印发了《意见》，明确发展目标，提高服务能力，优化运行模式，加强基础设施，为推进高质量农业保险的发展提供依据。明确提出农业保险高质量发展的主要目标：到 2022 年，稻谷、小麦、玉米三大主粮作物的覆盖率达到 70%以上，收入保险成为我国农业保险的重要险种，农业保险深度达到 1%，农业保险密度达到 500 元/人；到 2030 年，农业保险持续提质增效，转型升级，总体发展基本达到国际先进水平，实现补贴有效率、产业有保障、农民得实惠、机构可持续的多赢格局。

（二）重大试点持续推进

落实党中央、国务院的部署要求，围绕"扩面、增品、提标"开展了一系列重大农业保险试点。2017 年，贯彻落实《政府工作报告》关于对适度规模经营农户实施大灾保险的部署，在 13 个粮食主产省选择 200 个产粮大县，启动了农业大灾保险试点，将保障水平在覆盖直接物化成本的基础上，提高到"直接物化成本+地租成本"。2019 年开始实施范围扩大到 500 个产粮大县。2018 年，在 6 个粮食主产省共选择 24 个粮食生产大县，部署开展为期 3 年的稻谷、小麦、玉米完全成本保险和收入保险试点，推动保障水平实现"直接物化成本+地租成本+劳动力成本"全成本、全覆盖，积极探索开展粮食收入保险。2019 年，在 10 个省份启动中央财政对地方优势特色农产品保险以奖代补试点，2020 年试点实施范围扩大至 20 个省份，每个试点省份的试点保险标的或保险产品增加至 3 种。

从近年实施情况看，3 项农业保险试点受到参保农户、承保机构和基层政府等各方的认可，在完善补贴品种体系、探索差异化定价机制、发挥应急救灾作用、助力脱贫攻坚等方面进行了有益的试点探索，取得了积极成效。

（三）产品和服务不断创新

我国已建成基层农业保险服务网点 40 万个，基层服务人员近50 万人，基本覆盖所有县级行政区域、95% 以上的乡镇和 50% 的行政村。保险公司积极引入卫星定位、遥感、物联网、无人机等新技术，提升服务效率，增强农户的获得感。农业农村部从 2015 年开始，连续 6 年支持地方开展金融支农创新试点，引导地方农业农村部门与金融保险机构共同开展探索。始终将农业保险创新作为重要方向，在保险标的上，既包括水稻、马铃薯等大宗农产品和生猪、奶牛、水产等重要畜禽产品，也包括苹果、枸杞、茶叶等地方特色农产品；在保险产品上，既有收入保险、气象指数保险、质量安全保险等创新，也有与信贷、期货等多种金融工具融合的"农业保险+"。这些试点的开展，为推动完善我国农业保险产品体系、提升风险保障水平进行了超前探索。

（四）风险保障能力不断增强

1. 保险品种明显增多

中央财政补贴范围包括三大粮食作物及制种、马铃薯、油料作

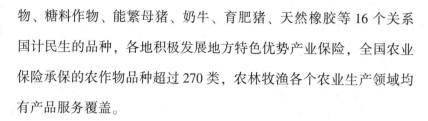

物、糖料作物、能繁母猪、奶牛、育肥猪、天然橡胶等 16 个关系国计民生的品种，各地积极发展地方特色优势产业保险，全国农业保险承保的农作物品种超过 270 类，农林牧渔各个农业生产领域均有产品服务覆盖。

2. 保险覆盖面不断扩大

2019 年，稻谷、小麦、玉米三大主粮作物承保覆盖面超过65%，能繁母猪、育肥猪等生猪保险承保 4.12 亿头。

3. 保险规模快速增长

2019 年，农业保险全年实现年度保费收入 672.5 亿元，相比2015 年提高近 80%。"十三五"期间，农业保险累计为农业产业提供风险保障 12.2 万亿元，服务农户 8.02 亿户次。

4. 财政支持力度持续加大

各级财政安排保费补贴资金保持稳定增长，约占保费总收入的近八成，为推动农业保险持续健康发展提供了有效支撑。

5. 保险赔付水平逐渐提高

2019 年，支付赔款 560.2 亿元，相比 2015 年提高 115%，简单赔付率达到 83%，受益农户 4 918.25 万户次。

在看到成绩的同时，也应清醒地认识到，相比于"三农"领域日益增长的风险保障需求和国际农业保险先进发展水平，我国农业保险还存在一定短板，主要体现在保险产品供需对接存在一定失衡、保险覆盖面不够宽、保障水平偏低、大灾风险分散机制缺乏以及查勘定损理赔机制创新不够等方面。

二、展望"十四五"

农业保险坚持问题导向、目标导向，贯彻落实《关于加快农业保险高质量发展的指导意见》，按照全面实施乡村振兴战略、加快农业农村现代化新要求，主动适应农业农村现代化的风险特点和风险需求，强化农业保险政策性定位，不断加大财政支持力度，大力推进农业保险产品和服务创新，不断提高农业保险保障水平，实现产业有保障、农民得实惠、补贴高效率、机构可持续。

一是提高大宗农产品政策性保障水平。深化农业保险试点探索，推动扩大农业大灾保险试点覆盖面，稳步推进三大粮食作物完全成本保险和收入保险试点，推动大宗农产品保险费率决定、保障水平动态调整以及承保、损失核定、理赔等机制改革，提升农业保险效率和农民获得感。

二是大力发展优势特色农产品保险。加快实施地方优势特色农产品保险以奖代补试点，做好试点品种选择、保险产品设计、服务模式创新等工作。在试点实施经验总结基础上，稳步扩大试点覆盖范围，推动提高优势特色农产品保险在我国农业保险体系中的比重。

三是推进以需求为导向的农业保险创新。支持承保机构开发满足农户和新型农业经营主体需要的、保障水平更高的新型险种，探索构建"基本保障+附加保障"多层次农业保险体系，满足各类农业经营主体差异化、多层次风险保障需求。逐步完善再保险制度，向农业保险经营机构提供稳定的政策性再保险服务以及巨灾救助。

四是健全协同推进农业保险工作机制。充分发挥农业保险工作小组作用，强化财政部、农业农村部、银保监等部门的统筹协调。强化信息共享，将农业保险运营和农业生产经营形成相关数据履行脱敏程序后，依法在合规范围内共享，提高农业保险规范性和便利性。

五是强化农业保险宣传培训。综合运用电视、网络、新媒体等丰富宣传方式，创新宣传手段，加大宣传力度，通过接地气、农民喜闻乐见的宣传让广大农民更好了解保险、提升保险意识。建立常态化的培训制度，提升地方相关部门、保险公司的农业保险工作能力和水平，加快形成一支与农业保险高质量要求相适应的农业保险工作人才队伍。

【想一想】

1. 如何增强我国的风险保障能力？

2. 我国农业保险如何做到产品和服务不断创新?

第五节　农业"三项补贴"改革

经国务院同意,2016 年在全国范围内将农作物良种补贴、种粮农民直接补贴和农资综合补贴合并为农业支持保护补贴,政策目标调整为支持耕地地力保护和粮食适度规模经营。用于耕地地力保护补贴继续按原渠道将现金发放到农户,用于粮食适度规模经营的资金,来自农资综合补贴中调整 20%资金加上原种粮大户补贴试点资金和"三项补贴"增量资金,重点用于建立全国农业信贷担保体系和支持粮食适度规模经营。这项政策改革实施范围广、给农民实惠多、政策反响好,既支持了小农户发展生产、增加收入,又为新型经营主体发展适度规模经营提供了重要支撑,在推进农业供给侧结构性改革、巩固"三农"发展持续向好形势方面发挥了重要作用,成为现阶段中央强农惠农富农政策中具有标志意义的重要内容。

一、政策指向性进一步提升

这项政策改革,理顺了过去"三项补贴"资金与种粮、良种使用之间的关系,将耕地地力保护补贴统一与承包耕地面积挂钩,政策效果与政策目标一致，并明确撂荒地、改变用途等耕地不纳入补贴范围，鼓励农民提升耕地地力，实现"藏粮于地"，提升了政策的指向性、精准性和实效性。据统计，耕地地力保护补贴覆盖2.2亿农户、近13亿亩承包地，亩均补贴约95元，户均补贴约564元，普惠性强，实实在在增加了农民收入，也促进了支农政策由"黄箱"转为"绿箱"，拓展了支持农业发展和农民增收的政策空间。

二、政策实施成本大幅降低

政策调整后，统一了原有"三项补贴"资金的审核和发放程序，标准清楚明确，减少了基层多口径、多次核实种植面积的工作，政策落实更加简便、快捷、有效，体现了中央强化清理整合规范专项转移支付项目、增强资金统筹的要求。地方反映，原来发放"三项补贴"前后共需发放20余次，合并后仅需一次，大大节约了时间和成本，提高了工作效率。

三、农业规模经营积极性进一步调动

支持粮食适度规模经营，这是中央财政第一次直接安排专门针对新型农业经营主体的扶持政策，惠及范围广，支持力度大，政策导向明确。在政策引导下，各地将支持粮食适度规模经营与新型经营主体培育相衔接，纷纷采取信贷担保、贷款贴息、现金直补、重大技术推广与服务等方式支持粮食适度规模经营，形式多样，机制灵活，土地托管服务、土地股份合作等模式遍地开花，社会化服务组织发展迅速，示范带动作用明显。例如，针对农业生产的关键环节和薄弱环节，围绕粮棉油糖等重要农产品为广大小农户提供农业生产托管等服务，支持小农户与现代农业有机衔接。截至 2019 年底，全国农业生产托管服务面积超过 15 亿亩次，托管服务组织 44 万个，政策实施在发展服务型规模经营、促进农业增效农民增收、壮大集体经济等方面取得了明显成效。

四、财政金融协同支农实现重大创新

支持适度规模经营资金通过构建全国农业信贷担保体系，创新了财政支农机制，放大了补贴政策效应。2015 年以来，中央财政共向国家农担公司和 33 家省级农担公司注入资本金 584.8 亿元，初步在全国建成上下联动、风险可控、运行有效的农担网络，累计担保项目 65 万个、金额 2 203.04 亿元，农担项目户均规模 33.85 万元，政策效能放大 3.73 倍。全国农担体系平均担保费率为 1% 左右，远低于担保行业 2%~3% 的平均水平。

总的来看，农业"三补合一"政策改革符合完善农业支持保护制度的大方向，符合世贸组织规则的要求，但政策的指向性、精准性仍需进一步提高。下一步，将按照中央关于调整优化补贴方式的总体要求，按照"大稳定、小调整"的思路，进一步提高补贴的针对性、有效性。一是按照建立绿色生态为导向的农业补贴制度要求，进一步完善耕地地力保护补贴与耕地保护挂钩的有效机制，并探索推广农业生产社会化服务技术补贴方式。二是用好农业适度规模经营补贴资金，采取先建后补、以奖代补的方式，着力支持管理规范的家庭农场和农民合作社建设仓储保鲜、清选包装、烘干等产地初加工设施，进一步增强家庭农场和农民合作社两类主体的服务能力和市场竞争力。同时，继续加大农业信贷担保的担保费补助和业务奖补力度，支持农业信贷担保机构扩大业务规模，降低农业贷款融资成本。三是强化政策考核督导。进一步完善绩效考评机制，将绩效考核结果与支持适度规模经营资金安排挂钩，加强政策督导检查，及时纠正、解决各地政策落实中的问题和困难，确保政策更好落实到位。

【想一想】

1. 说一说农业"三补合一"政策的内容有哪些？

2. 如何支持粮食适度规模经营？

第六节 社会化服务助推农业现代化

大国小农是我国的基本国情农情。"人均一亩三分地，户均不过十亩田"，是许多地方农业的真实写照。习近平总书记指出，"我们不可能各地都像欧美那样搞大规模农业、大机械作业，多数地区要通过健全农业社会化服务体系，实现小规模农户和现代农业发展的有机衔接""要加快构建以农户家庭经营为基础、合作和联合为纽带、社会化服务为支撑的立体式复合型现代农业经营体系"。大力发展农业社会化服务有利于促进农业节本增效，提高农民种粮积极性，保障国家粮食安全和重要农产品有效供给；有利于稳定土地承包关系，巩固完善农村基本经营制度；有利于推进多种形式的适度规模经营，对带领小农户发展现代农业具有深远意义。中央高度重视发展农业社会化服务，2019 年，中共中央办公厅、国务院办公厅印发《关于促进小农户与现代农业发展有机衔接的意见》，明确提出要健全面向小农户的社会化服务体系，发展农业生产性服务业，加快推进农业生产托管服务，实施小农户生产托管服务促进工程。"十三五"以来，农业社会化服务政策支持力度不断加大，服务主体加快培育，多元化、多层次服务体系逐步建立，农业生产性服务业蓬勃发展，对现代农业建设的支撑能力不断增强。

一、服务组织蓬勃发展

按照主体多元、形式多样、服务专业、竞争充分的原则，农业服务专业户、农民专业合作社、农村集体经济组织和服务型企业等各类社会化服务组织呈现蓬勃发展势头。截至 2019 年底，全国各类服务组织总量达到 89.3 万个，其中农业生产托管组织超过 44 万个，服务小农户超过 6 000 万户。各类服务组织各有所长，优势互补。农业服务专业户数量最多，占全国服务主体总量的 1/2，虽然单体服务规模不大，但最贴近农民，主要为周边小农户服务；服务型农民合作社服务规模最大，带动小农户数量最多，达到 5 034.1 万户；村集体经济组织以开展"居间"服务为主，组织小农户接受服务，发挥桥梁和纽带作用；服务型企业数量少但服务带动能力最强，单个企业平均服务对象达 530 个（户），且服务的专业化、集约化和标准化程度较高，呈现强劲的发展势头。新冠肺炎疫情期间，农业农村部印发《发挥农业社会化服务组织优势全力做好抗疫保春耕工作的通知》，各地积极响应组织各类服务主体复工复产、发挥优势、化危为机，为农民提供"一站式""保姆式"生产托管服务，为抗疫保春耕作出了重要贡献。

二、农业生产托管加快发展

农业生产托管是农户等经营主体在不流转土地经营权的条件下，将农业生产中的耕、种、防、收等部分或全部作业环节委托给社会化服务组织完成的农业经营方式，是推进农业生产性服务业发展、带动小农户发展适度规模经营的主推服务方式和重要抓手。2017年，农业部、发展改革委、财政部联合印发《关于加快发展农业生产性服务业的指导意见》，就推进农业生产性服务业发展进行了全面部署，要求着眼于满足小农户和新型经营主体的实际需求，围绕产前、产中、产后全过程，加快发展多元化多层次多类型农业生产性服务，大力推广农业生产托管。为加强面向小农户的社会化服务，2017年，中央在农业生产发展资金这个大专项中设立农业生产社会化服务项目，重点支持生产托管。为加强项目管理，2019年，农业农村部、财政部两部联合印发《关于进一步做好农业生产社会化服务工作的通知》，进一步明确项目实施重点，完善管理制度，规范项目实施。2017—2020年，中央财政累计投入155亿元支持农业生产托管为主的社会化服务。2020年，中央财政扶持资金增加到45亿，实施托管项目的省份达到29个，示范带动全国农业生产托管面积超过15亿亩次，其中，河北、山西、安徽、山东、河南的生产托管面积分别超1亿亩次以上，内蒙古、吉林、湖北、湖南等省生产托管面积分别达 5 000 万亩次以上。

通过项目示范引领，生产托管的综合效益突显，受到基层农民群众和地方政府的普遍欢迎。一是促进了农业生产节本增效。对 19 个省份共 875 个托管案例的定量分析显示，农户采取全程托管，小麦每亩节本增效 356.05 元，玉米每亩节本增效 388.84 元。二是推进了绿色发展。据辽宁、江苏、浙江、山东 4 省抽样调查显示，通过农业生产托管，采用测土配方施肥、统防统治、绿色防控等先进生产技术，化肥施用量可以降低 40% 左右，农药施用量可以降低 50% 以上。三是助推脱贫攻坚。通过土地入股、产业带动、集体参与等多种形式，带动贫困户脱贫增收。例如，陕西白水县开展贫困户果园托管，每亩可节约生产资料投入 600 元，增产约 400 千克，仅在果园种植上，每个贫困户每亩增收 800~1 200 元。

三、服务方式不断创新

组织开展政府向经营性服务组织购买农业公益性服务机制创新试点，按照县域试点、省级统筹、行业指导、稳步推进的思路，选择粮食、棉花、畜牧、水产主产区以及改革基础条件较好的省份开展，主要支持统防统治、农机作业、集中育秧、粮食烘干、农业废弃物回收和处置、土壤重金属污染治理试验等环节，重点探索政府购买社会化服务的范围、流程、评价体系和经营性服务组织的承担资质。根据不同地区不同产业的生产需求和农户意愿，鼓励各地积极探索创新多元化服务方式，各种新机制、新业态、新模式加速涌现，单环节托管、多环节托管、关键环节综合托管和全程托管等多种托管模式快速发展，探索出"服务组织+村集体经济组织+小农户""公司+合作社+村级组织+小农户""生产托管+金融保险+粮食银行"以及供销社"为农服务中心"等有效模式。2019年，农业农村部总结推介了首批20个全国农业社会化服务典型案例，这些案例围绕服务小农户，针对生猪粮茶果等大宗农产品河南安阳无人机统防统治社会化服务作业生产，涉及企业经营、合作经营、集体经营、家庭经营四类服务型规模主体，贯穿产前、产中、产后各领域和供、耕、种、管、保、收、储、运、销各环节，在补齐农业发展短板、创新农业经营方式、构建利益联结机制等方面总结形成了一批好经验、好做法，对于各地发展服务规模经营、转变农业经营方式、增强农业综合竞争力具有典型示范作用。

四、规范管理全面启动

紧紧围绕服务规范化管理这个核心，启动社会化服务标准和行业管理制度的分类研究和制定，加强服务价格指导，坚持市场定价原则，防止价格欺诈和垄断。强化服务合同监管，2020年，农业农村部办公厅印发《农业生产托管服务合同示范文本》《农业生产托管服务指引》，指导各地推广应用示范合同文本，推动规范服务行为，确保服务质量，保障农户权益。推动地方建立社会化服务组织名录库，加强服务组织动态监测。各地结合实际出台地方服务标准和规范，因地制宜开展示范单位和示范县创建，推进服务规范化建设。针对农业社会化服务供需对接不畅、服务资源缺乏有效整合、信息化程度不高等问题，2019 年组织开发了中国农业社会化服务平台，2020 年在山西、安徽、山东开展整省试运行，其他省份选择项目县开展整县试运行。截至目前，中国农服平台的公共服务对接、项目管理、名录库建设、作业管理等功能运行良好，有效发挥了促进服务信息对接、推动服务资源合理流动、提高服务效率、降低项目监管成本的作用。

当前，我国农业社会化服务还处在发展的初级阶段，起步晚、整体实力较弱，还没有形成有规模有竞争力的产业，与现代农业发展要求不相适应。主要体现在：一是服务实力薄弱。产业规模小、份额低，对农业的支撑不够坚实。按现行统计口径，2019 年农业服务业产值还不到 7000 亿元，在 12 万亿农业总产值中占比仍然较低。二是服务质量不高。市场化的经营性服务缺标准、缺规范，总体还处在粗放式增长、低水平竞争的阶段，服务质量整体不高。三是行业管理滞后。除技术服务类有基本健全的体系和历史积累外，对经营性服务组织的行业管理刚起步，制度缺乏、政策缺乏、经验

缺乏，与农民群众多元化、多层次的服务需求不相适应。

下一步，围绕深入推动农业社会化服务高质量发展，一是加快培育多元化服务主体。充分发挥不同服务组织各自的优势和功能，鼓励各类服务组织加强联合合作。二是加强行业规范化管理。全面推动服务行业管理制度建设，建立服务组织信用评价机制，加强行业自律，强化服务品牌引领。三是加快发展农业生产托管服务。加大宣传推广力度，鼓励探索创新，加强项目监管。四是发挥典型示范引领作用。发布典型案例，组织开展典型模式交流和社会化服务示范创建活动。五是推进服务资源整合。完善中国农服平台功能，继续做好试运行和推广应用，抓紧试点和建库。

【议一议】

1. 说一说农业生产托管的内容包括哪些？

2. 我国的农业社会化服务取得了哪些成效？

第三章　农村政策：从新农村建设到
美丽宜居乡村建设转变

伴随工业化和城镇化的深入推进，我国农村发展正在进入新的发展阶段。工业化的发展不仅为农业农村发展提供了物质基础，同时也促进了农业机械化、规模化发展。城镇化加快了人口流动，大量农业劳动力外出务工，农村出现"空心化"现象。一直以来，党和政府高度重视"三农"问题，面对我国农村治理环境所发生的变化，党和政府积极调整、完善和创新各项农村政策以应对这一系列的问题和挑战。具体来说，我国农村政策主要包括：农村基本经营体制政策、农村集体经济发展政策、农村基础设施建设政策、农村公共服务政策（公共卫生、义务教育、公共文化）、农村生态环境治理政策、农村基层治理政策等。

第一节　美丽宜居乡村建设

从 2013 年中央一号文件，首次对建设美丽乡村的目标进行阐述，一直到 2019 年中央一号文件，提出开展美丽宜居村庄活动，我国对美丽宜居乡村建设在不断推进和深化；党的十九大提出的乡村振兴战略进一步阐释美丽中国概念，将美丽乡村建设的重要性又推到另一个新台阶。从生态文明到美丽乡村再到美丽中国，我国对美丽宜居乡村建设的打造始终是坚持生产、生活、生态、服务和文化"五位一体"社会主义建设总布局发展模式。推进乡村生态振兴、建设美丽乡村，不仅关系全面推进乡村振兴工作的顺利开展，也深刻影响着美丽中国建设和我国社会主义生态文明建设全局，深刻影响着我国全面建成社会主义现代化强国奋斗目标的实现。

一、宜居乡村建设成效明显

"十三五"期间，各地各部门凝心聚力、深入贯彻习近平新时代中国特色社会主义思想，全面、全方位落实党中央、国务院决策部署，瞄准全面建成小康社会目标，扎实、有序推进农村人居环境整治，切实加大农村基础设施建设，加速农村公共服务发展，补短板、强弱项、提质量，美丽宜居乡村建设取得明显成效。

（一）农村人居环境整治全面推开，村庄面貌发生明显变化

我国政府从第十六次全国代表大会开始，对人居环境的重要意义有了全面认识，基于这一情况各级政府相继出台了有关政策，促

进农村地区实现持续性发展。2017 年，在"统筹城乡发展，推进社会主义新农村建设"的政策出台后，标志着国家对农村人居环境进行整治里程碑的开始。改善农村人居环境事关全面建成小康社会，是顺利实施乡村振兴战略的重要任务。2018 年，中共中央办公厅、国务院办公厅印发《农村人居环境整治三年行动方案》（以下简称《方案》），李克强总理主持召开了全国改善农村人居环境工作会议，强调全方位实现乡村振兴战略的首要目标，就是进一步完善并改革农村的人居环境，同时也是全面建成小康社会的必然要求，中央及地方各级有关部门，紧紧围绕《方案》目标任务，扎实推进村庄清洁行动、生活垃圾治理、农村厕所革命、生活污水治理等重点任务落实，农村人居环境整治有序全面推开，取得了明显成效，村庄面貌发生巨大变化，得到农民群众的普遍认可。

1. 农村厕所革命取得积极进展

以往农村旱厕的现实情况是"一个土、两块砖，小厕所、大民生"，对农村产业发展和改善人居环境问题有阻碍，也限制了农民培养健康良好的习惯。针对此类问题，农业农村部、卫生健康委等各有关部门，多次召开全国农村改厕工作现场推进会，印发《推进农村"厕所革命"专项行动的指导意见》《关于进一步提高农村改厕工作实效的通知》等多部文件；2019 年落实中央财政资金 70 亿元支持农村厕所革命整村推进；组织开展线上线下技术服务、技术产品展示、创新大赛、技术论坛等；鼓励企业积极进行技术创新，如开发了化粪池卫生厕所，其具有支持低温环境、高温运转能力强、酸碱耐受强、双瓮式、滚塑一体等特征；总结推广农村厕所革命典型范例；与此同时，通过持续不断的政策宣讲和培训，调动农民改厕积极性，培养他们健康文明的生活方式。截至 2020 年底，全国农村卫生厕所普及率超过 68%。

2. 农村生活垃圾绿色治理全面推进

中央农村工作领导小组办公室（以下简称中央农办）、农业农村部等多部门积极组织召开农村生活垃圾治理工作推进现场会，住房和城乡建设部印发《关于建立健全农村生活垃圾收集、转运和处置体系的指导意见》等文件，进一步加强工作部署，保障资源化利用农村的生活垃圾，完善减量化处理垃圾的市场运作的机制，对农村垃圾全面进行绿色处理，部分村在落实时采用"村民分类、村级集中收集、乡级规制运输、县级集中处理"的模式，为每户农村居民提供不同颜色的垃圾筐，由农户根据垃圾类型进行分类放置取得了良好的效果。截至 2020 年底，农村生活垃圾收运处置体系已覆盖全国 90% 以上的行政村，构建了"定存、定收、定处理"的模式，全国排查出的 2.4 万个非正规垃圾堆放点整治基本完成，某些乡镇启动了生活垃圾综合处理项目工程，项目将生活垃圾焚烧发电功能和污泥处置纳入其中，并且确保全程封闭清洁，选址要求低，运营成本低，发电量高，不需要添加燃料以及垃圾分拣，实现了垃圾处理真正意义上的多元化。

3. 农村生活污水治理有序推进

农村生活污水治理是实施乡村振兴战略的重要任务，事关农村生态文明建设。中央农办、农业农村部等部门组织召开农村生活污水治理工作推进现场会，并印发《关于推进农村生活污水治理的指导意见》，农村生态环境治理应该首先从污染源防控入手，以便促使各类污染源能够得到较为理想的控制，整体提升农村人居环境。生态环境部等部门印发《农村生活污水处理设施水污染物排放控制规范编制工作指南（试行）》《县域农村生活污水治理专项规划编制指南（试行）》等文件，明确农村生活污染物排放限值、污水处理排放标准控制指标、尾水利用要求及监测要求等，指导各地推进农村生活污水处理排放标准制修订工作。探索适宜的治理模式，基于现实状况可以采取城郊区域可接入城市污水处理系统；具有一定规模的居民聚居区、污水集中区适用集中处理模式，居住较为分散的采用分户式处理，或者将生活污水接入村庄周边农田、林地、草地进行资源回用，接入湿地系统消纳处理，接入水域生态系统消纳或者农田浇灌系统浇施等不同典型资源化利用模式。以此积极推进农村生活污水治理，治理水平已显著提高。

4. 村庄清洁行动广泛深入开展

2018 年 12 月，中央农办、农业农村部等 18 部门启动实施村庄清洁行动，重点发动群众开展"三清一改"（即清理农村生活垃圾、清理村内塘沟、清理畜禽养殖粪污等农业生产废弃物，改变影响农村人居环境的不良习惯），围绕关键时间节点，组织开展系列战役。截至 2019 年底，全国 95% 以上的村庄都开展了清洁行动，一大批村庄村容、村貌明显改善。

（二）农村基础设施加速提档升级，农民生产生活环境持续改善

"十三五"时期，各地各部门按照中央要求，坚持把基础设施建设的重点放在农村，对农村基础设施建设愈发重视，农村基础设施的覆盖面持续扩大，强调"提升乡村基础设施和公共服务水平"，完善乡村"水、电、路、气、通信、广播电视、物流等基础设施"，加快补上农村基础设施短板，推进农村基础设施提档升级。

1. 农村饮水安全加快解决

"十三五"期间安排农村饮水安全提升中央补助资金累计 280 亿元，带动地方投资补助金 1 600 多亿元。坚持因村制宜，多种模式建设农村饮水安全工程。采取社会化饮水、村村联网供水等方式解决农民安全饮水问题。截至 2019 年底，共建成农村供水工程

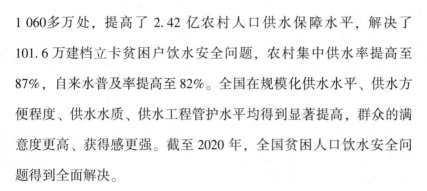

1 060多万处，提高了2.42亿农村人口供水保障水平，解决了101.6万建档立卡贫困户饮水安全问题，农村集中供水率提高至87%，自来水普及率提高至82%。全国在规模化供水水平、供水方便程度、供水水质、供水工程管护水平均得到显著提高，群众的满意度更高、获得感更强。截至2020年，全国贫困人口饮水安全问题得到全面解决。

2. 农村供电水平逐步提高

农村供电直接服务于农村居民，为农村人口的日常生活和农业生产提供电力服务，满足农村用户的电力需求，促进新农村的建设。为此我国大力推进农村电网改造升级行动计划的落实，不断提升农网供电能力和供电质量，将农村电网重要项目和设施纳入市县政府发展规划，确保电网规划与乡村振兴有效衔接。同时，积极实施电能替代和多能互补，推动清洁能源开发。通过完善管理体制，推行"全业务受控、全流程闭环、全数据贯通、全专业考核""四全"供电所管理模式，解决部分业务不受控、流程运转不畅通、业务数据多端源等问题，农村用电条件得到明显改善，解决了"低电压""卡脖子"等问题，农村供电可靠率超过99.77%，城乡电力差距明显缩小。

3. 农村清洁取暖稳妥推进

积极探索农村清洁取暖新途径，创新性的开展新型清洁取暖"

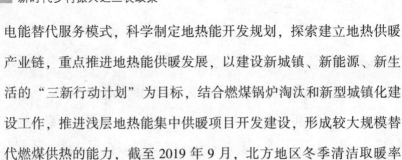

电能替代服务模式，科学制定地热能开发规划，探索建立地热供暖产业链，重点推进地热能供暖发展，以建设新城镇、新能源、新生活的"三新行动计划"为目标，结合燃煤锅炉淘汰和新型城镇化建设工作，推进浅层地热能集中供暖项目开发建设，形成较大规模替代燃煤供热的能力，截至 2019 年 9 月，北方地区冬季清洁取暖率达到 50.7%。

4. 农村公路建设成效显著

一路通百业兴。经过多年持续性发展，我国农村公路建设效果显著，截至 2019 年底，全国农村公路总里程超过 420 万千米，具备条件的乡镇、建制村通硬化路比例均达到 100%，通客车率分别达到 99.64% 和 99.45%。吉林、北京、天津、河北、河南等 15 个省份实现所有具备条件的乡镇、建制村通客车，基本打通了交通运输"最后一公里"。全国初步形成了以县城为中心、乡镇为节点、建制村为网点的农村公路网络，有序推进较大人口规模自然村（组）等通硬化路建设，农村出行难问题得到有效解决。

5. 农村信息化基础不断夯实

当前社会已经全面进入到信息技术高速发展的时代，在全面推进乡村振兴战略的过程中，必然需要高度重视信息化技术的利用，农村信息化建设不仅是乡村振兴战略的发展目标，也是数字中国建设中重要的任务，深入实施电信普遍服务，不断缩小城乡信息化鸿沟，截至 2019 年底，全国行政村通光纤和通 4G 比例均超过 98%，已基本实现光纤到户，同时宽带资费水平明显下降，已提前完成"十三五"规划目标。农村信息化建设的推进，农村电商快速发展，能够充分提高农业生产的效率，帮助农民创收、增收，促进社会和谐稳定，农民生活的便利化程度不断提高。

（三）农村公共服务稳步提标扩面，农民群众的获得感、幸福感、安全感持续增强

"十三五"以来，农村公共服务稳步提标扩面，农村公共服务供给能力，保障供给质量基本能满足农民需求，农村教育、养老、医疗、社保、就业、公共文化等农村公共服务不断改善，城乡基本公共服务差别不断缩小。

1. 农村教育事业加速发展

农村教育是助力我国乡村振兴战略发展的关键，是提高我国农村经济建设水平的基础，我国农村教育财政投入逐年增加，近十年平均增长率保持在 12% 以上。2018 年，中央财政教育转移支付高达 3 076 亿元，其中 80% 用于中西部农村和贫困地区；农村普通小学生生均公共财政预算教育事业费达到 1.01 万元，较 2015 年增加 1 525.9 元；农村初中生生均公共财政预算教育事业费达到 1.39 万元，较 2015 年增加 2 563.35 元。截至 2020 年，农村义务教育学校

专任教师本科及以上学历占比达 65.7%。截至 2019 年，农村地区幼儿园数量达到 98 688 所，小学数量达到 88 631 所，初中数量达到 14 477 所；全国九年义务教育巩固率 94.80%，较 2015 年提高 1.8 个百分点。

2. 农村医疗卫生条件持续改善

农村基层医疗卫生设施明显改善，农民健康水平不断提高，建立覆盖城乡居民的中国特色基本医疗卫生制度。截至 2019 年，全国 3.02 万个乡镇共设 3.6 万个乡镇卫生院，床位 137.0 万张，卫生人员 144.6 万人（其中卫生技术人员 123.2 万人）；每千农村人口乡镇卫生院床位达 1.48 张，较 2015 年增加 0.1 张；每千农村人口乡镇卫生院人员达 1.56 人，较 2015 年增加 0.09 人。全国 53.3 万个行政村共设 61.6 万个村卫生室，村卫生室人员达 144.6 万人，平均每村卫生室人员 2.35 人，较 2015 年增加 0.09 人。

3. 农村社会保障体系不断完善

目前，我国已经基本建立起以农村社会保险、社会救助、社会福利等为主要内容的农村社会保障制度体系。截至 2019 年，城乡居民基本医疗保险参保人数达到 10.25 亿人，较 2017 年增长 17.28%；城乡居民基本养老保险参保人数达到 5.33 亿人，较 2015 年增长 5.54%；有 3 456万人享受农村最低生活保障，低保平均标准达到 5 335.5元/年，较 2015 年增长 67.91%。

4. 乡村公共文化服务不断改善

"十三五"期间，农村公共文化服务和乡村传统文化保护取得显著成绩。截至 2019 年底，全国共设有乡镇综合文化站 33 530 个。全国艺术表演团体共演出 296. 80 万场，其中赴农村演出 171. 27 万场，较 2015 年增加 32. 19 万场；国内观众 12. 30 亿人次，其中农村观众 7. 68 亿人次，较 2015 年增加 1. 83 亿人次。推进戏曲进乡村，全年为国家级贫困县的 12 984 个乡镇演出 8 万场戏曲。全国已有 494 747 个行政村（社区）建成了综合性文化服务中心。先后公布五批中国重要农业文化遗产名录，数量增加到 118 个。

总体上看，"十三五"以来，农村人居环境、基础设施和公共服务等农村文化社会事业发展实现重大进展，取得显著成效。

二、宜居乡村建设规划

（一）科学推进乡村规划，完善县镇村规划布局

党的十九大实施乡村振兴战略中指出"必须重塑城乡关系，走城乡融合发展之路"，基于此，做好乡村规划工作，也显得非常重要。加强农村规划发展，通过村庄规划建设，更好地助力城乡一体化发展，强化县域国土空间管控规划，统筹划定永久基本农田、生态保护红线、城镇开发边界。在乡村规划过程中，做好居住用地规

划工作，是打造乡村宜居环境的重要条件，对于当地可发展内容进行科学整理，根据实际发展需求，对居住用地进行规划设计，更好的完成现代化产业建设，细化现代化产业内容，加强居住用地位置的规划设计。从实践情况来看，居住用地需要沿着"自上而下"的方向发展，契合新乡村规划要求，提升区域经济发展稳定性。推进县域产业发展、基础设施、公共服务、生态环境保护等一体规划，推动公共资源在县域内实现配置优化。按照集聚提升类、城郊融合类、特色保护类和搬迁撤并类等村庄不同类型，分门别类推进村庄规划。优化布局乡村生活空间，严格保护农业生产空间和乡村生态空间。坚持先规划后建设，遵循乡村发展规律，注重乡村传统特色和乡村历史风貌保护。严禁随意撤并村庄搞大社区、违背农民意愿大拆大建。

（二）加强乡村基础设施建设，完善农村交通运输体系

深化农村公路管理与养护体制改革，落实管养主体责任。加大推进农村公路建设项目进村入户，统筹规划农村公路穿村路段，兼顾村内主干道功能。完善交通安全防护基础设施，提升农村公路安全防控水平，强化农村公路交通安全有效全面监管。推动城乡客运一体化发展，完善农村客运长效发展机制。提升农村供水保障和饮水安全水平。合理确定水源和供水工程设施布局与数量，加强水源

工程建设和饮用水源保护。提高边远农村自来水普及率，鼓励有条件的地区将城市供水管网向周边村镇延伸。健全农村供水工程建设和管护长效运行机制。完善农村防汛抗旱设施设备，加强农村洪涝灾害预警和防控。加强农村清洁能源建设。提高清洁能源在农村能源消费中的比重。因地制宜提高农村地区光伏、风电利用率，大力发展农村生物质能源利用，加快构建以可再生能源为基础的农村清洁能源利用体系。推进清洁供暖设施建设，加大生物质锅炉、太阳能集热器等应用力度，推动北方冬季清洁能源取暖。大力建设农村物流体系。完善县乡村三级物流配送体系，补齐物流基地、分拨中心、配送站点和冷链仓储等物流基础设施短板。改造提升农村寄递物流基础设施，建设乡镇运输服务站，改造农贸市场等传统流通网点。创新农村物流运营服务模式，探索乡村智慧物流发展模式。

（三）整治提升农村人居环境，因地制宜推进农村厕所革命

改造中西部地区农村户用厕所，引导新改厕所入院入室。合理规划布局农村公共厕所，加快建设并升级乡村景区旅游厕所。推进生活污水治理与农村厕所革命有机衔接。鼓励各地积极探索推行政府定标准、农户自愿按标准改造升级户用厕所、政府验收合格后按规定补助到户的奖补模式。梯次推进农村生活污水治理模式。以县域为基本单元，以乡镇政府驻地和中心村为重点，梯次推进农村生

产生活污水治理，全面消除较大面积的农村黑、污、臭水体。大力采用符合农村实际的污水处理模式和工艺，优先推广运行费用低、管护简便的先进治理技术，积极有效探索资源化利用方式。完善农村生活垃圾处理长效运行机制。推动农村生活垃圾源头分类减量，探索农村生产、生活垃圾就地、就近处理和资源化利用的有效途径，稳步解决"垃圾围村"等重点问题。进一步完善农村生活垃圾收运处理体系，建立健全农村再生资源回收利用网络。整体提升村容村貌。深入全面开展村庄清洁和绿化行动，实现村庄公共空间及村庄周边干净整洁。提高农房整体设计水平和建设质量。健全农村人居环境建设和管护长效机制，全面建立健全村庄保洁制度，有条件的地区积极推广城乡环卫一体化治理。

（四）加快数字乡村建设，加强乡村信息基础设施建设

实施数字乡村建设工程，大力发展和提高乡村信息服务水平，建设智慧农业工程，加快移动互联网、数字电视网、农村光纤宽带和下一代互联网发展，大力支持农村偏远地区信息通信基础设施建设。推动农业生产加工和农村地区电力、水利、物流、公路、环保等基础设施数字化升级，把信息化技术与农业生产、生活相融合，进一步发挥信息技术的优势。开发适应"三农"特点的技术产品、移动互联网应用软件，构建面向农业农村的综合信息服务平台。建

立和应用农业农村大数据体系，推动人工智能、物联网、大数据、等新一代信息技术与农村农业生产和经营深度融合。构建线上线下有机结合的乡村数字惠民便民服务体系。推进"互联网+"政务服务向农村、向基层延伸。深化乡村智慧社区建设，搭建集党务村务、监督管理、便民服务于一体的智慧综合管理服务平台。加强乡村医疗、教育、文化、数字化建设，推进城乡公共服务资源共享，不断缩小城乡间的"数字鸿沟"。不断推进农民手机应用技能培训，加强农村5G网络治理。

【想一想】

1. 如何加强乡村基础设施建设，完善农村交通运输体系？

2. 如何整治提升农村人居环境，因地制宜推进农村厕所革命？

第二节　农村电子商务

乡村振兴背景下，为了使农村经济真正得到发展，党中央、国务院高度重视农业农村电子商务工作，"十三五"期间出台了发展农村电子商务、跨境电商等系列文件，同时在中央一号文件、"互联网+"等文件中都把农村电商作为重要内容。农业农村部会同各地区、各部门相继出台配套措施，组织实施系列重大工程，完善政策体系，营造农村电商发展环境，有效推动了农村电商的快速发展，为推动农业农村现代化提供新动能。

一、农村电商的快速发展

（一）政策体系逐渐健全，发展环境不断优化

2015 年以来，农业农村部会同国家多部委，先后印发了《农业电子商务试点方案》《推进农业电子商务发展行动计划》《关于深化农商协作大力发展农产品电子商务的通知》等文件，持续摸索农村电商发展模式和路径，构建支持农村电商发展的完整政策体系，为电子商务发展提供新的发展方向。按照国务院部署要求，2020 年全面组织实施"互联网+"农产品出村进城工程，健全适应农产品线上销售的供应链体系、运营服务体系和支撑保障体系。组织开展农业电商"平台对接"行动、丰收购物节、丰收消费季等农产品产销对接专项活动，在农交会、双新双创博览会上，组织电商企业展区举办系列电商企业经验交流会，共商农村电商发展的良好模式。

（二）农村电商稳步发展，农产品线上零售额快速增长

"十三五"期间，我国综合性电子商务平台稳步发展，社交电

商暴发式增长，各具特色的地方性电子商务平台蓬勃发展，新型农业经营主体的自建电商平台也初具规模，涉农电子商务平台数量不断扩大，"互联网+"农产品出村进城渠道逐渐拓宽、拓深，电子商务带动农产品出村、促进农民增收的作用不断增强，农产品网络零售额快速增长。2019 年，全国农村网络零售额达到 1.7 万亿，占全国网络零售总额的 16.1%。农村实物商品网络零售额 1.33 万亿，占全国农村网络零售额的 78%；全国农产品网络零售额 3 975 亿元，占农村实物商品零售额的 29.9%，是 2016 年的 2.5 倍。2020 年新冠肺炎疫情期间，"互联网+"在农产品出村进城中的优势更充分体现，仅上半年农产品网络零售额达到 1 937.7 亿元，同比增长 39.7%。

（三）农村物流配送体系显著改善，冷链设施建设步入新阶段

覆盖县、乡、村的三级物流配送体系在我国已基本形成，"工业品下乡"与"农产品出村进城"双向流通渠道也初具规模。全国冷链物流行业交易规模由 2016 年的 1 800 亿元增至 2019 年的 3 786 亿元。截至 2019 年底，全国冷库容量达到 7 000 万吨。2020年，农业农村部启动农产品仓储保鲜冷链物流设施建设工程，从产地贮藏保鲜设施入手，建立健全农产品仓储保鲜冷链体系，完善县、乡、村冷链集散中心基础设施设备建设，与农产品物流骨干网

连接形成完整体系，构建起稳定高效的农产品出村进城平台。

(四) 电商服务网点覆盖到基层，电商服务业加快向农村延伸

我国农村电商服务网点数量和覆盖率明显提高。截至 2020 年上半年，已有 18 个省份开展信息进村入户工程整省推进，全国共建成运营 42.4 万个益农信息社，累计培训村级信息员 106.3 万人次，初步建成了纵向联结省、市、村，横向覆盖政府、农民、企业的信息服务网络体系，构建了有效带动农民脱贫增收的电商服务通道和农产品上行渠道。在电子商务进农村综合示范和"互联网+"农产品出村进城工程推动下，各地也在不断构建农村电商孵化体系、农产品网络营销体系和电商服务体系，初步形成了政策完善、资源集聚、生态优化的电商发展环境，农村地区加快发展的内生动力和市场活力正在被激活。

(五) 电商新模式不断涌现，农产品出村方式灵活多样

社交电商、新零售、直播带货等现代营销模式不断创新升级，极大丰富了农产品出村进城的方式，优质农产品销售渠道不再单一化，已从传统营销渠道扩展到新业态新模式的电商平台。通过订单式农业、基地直采，打造生鲜农产品新型供应链，不断完善物流配送途径和效率，推动新农业与新零售完美结合，彰显出优质农产品的竞争力。社区团购、社交电商、社群营销等模式，帮助"小农

户"对接"大市场"。社交电商、直播带货降低了电商准入门槛，让许多农民通过微信或直播即可销售自家农产品，让手机成为"新农具"、直播成为"新农活"。2018年以来，直播带货、短视频营销掀起农产品电商新的热点，农产品购买转化率提升明显。

（六）农产品供应链进一步完善，加快农业数字化转型

依托网络化营销和流通模式，农产品供应逐渐从以产定销的传统模式转变成以销定产的供需模式，农村经营服务主体密切整合，产、供、销更趋于一体化，供应链条进一步缩短和优化。随着数字乡村战略的实施和全面铺开，运用人工智能、大数据、物联网等先进技术，精准预测市场需求、把控产品质量、重塑高效供应链，最终提高智能化服务水平，已成为农业电商竞争的热点。截至2019年底，全国农村网商数量达到1 384万家，许多传统农业企业、主要农产品批发市场通过与主流电商平台合作或自建平台的方式进军农产品电商，农民专业合作社、种养大户等新型农业生产经营主体的"触网"比例也显著提高。

总体来看，我国农村电商发展迅速，在促进农产品产销对接、促进农民脱贫增收、发展农村经济等方面成效显著，但当下的电子商务发展依旧存在各种各样的问题：一是农村电商发展不均衡，中东西部之间、城乡之间数字鸿沟仍然较大；二是农产品上行电商发

展缓慢，网销农产品生产组织化标准化程度较低，市场主体的综合运营能力还普遍较弱；三是农村电商支撑服务体系不健全，农产品产后分级、包装营销和冷链仓储物流等亟待加强；四是农村人才匮乏，吸引电商人才驻村的软硬件环境还需进一步优化。

二、农村电商发展规划

农村电商的高质量发展是实现农村经济可持续发展的重要推动力，按照党中央、国务院部署要求，农业农村部将以"互联网+"农产品出村进城工程为抓手，加快推进信息技术在农业生产经营中的广泛应用，充分发挥网络、数据、技术和知识等要素作用，进一步完善适应农产品网络销售的供应链体系、运营服务体系和支撑保障体系，促进农产品产销顺畅衔接、优质优价，带动农业转型升级、提质增效，拓宽农民就业增收渠道。重点做好以下几方面工作。

一是以乡村特色产业为依托，打造优质特色农产品供应链体系。统筹组织开展生产、加工、仓储、物流、品牌、认证等服务，生产、开发适销对路的优质特色农产品及其加工品。

二是以益农信息社为基础，建立健全农产品网络销售服务体系。充分利用益农信息社以及农村电商、邮政、供销等村级站点的网点优势，统筹建立县、乡、村三级农产品网络销售服务体系。以低成本、简便易懂的方式，针对性地为农户提供电商培训、加工包

装、物流仓储、网店运营、商标注册、营销推广、小额信贷等全流程服务。

三是以现有工程项目为手段，加强产地基础设施建设。充分利用现有标准化种植基地、规模化养殖场、数字农业农村等项目，推进优质特色农产品规模化、标准化、智能化生产，切实提升优质特色农产品持续供给能力、商品化处理能力。结合农产品仓储保鲜冷链物流设施建设工程，构建全程冷链物流体系，推动整合县域内物流资源，完善县、乡、村三级物流体系。

四是以农产品出村进城为引领，带动数字农业农村建设和农村创业创新。推进优质特色农业全产业链数字化转型，打通信息流通节点，提高生产智能化、经营网络化、管理数字化水平。围绕乡村振兴和数字乡村发展战略布局，拓展"互联网+"农产品出村进城工程服务功能，带动发展农村互联网新业态新模式。

【议一议】

1. 我国的农村电商取得了哪些成就？

2. 制约我国农村电商高质量发展的问题和挑战有哪些，如何解决？

第三节 农村承包地"三权分置"改革

党的十八大以来，以习近平同志为核心的党中央对深化农村土地制度改革作出了一系列重大决策部署，创新并建立了承包地"三权"分置制度，此项制度改革是中国农村土地制度的发展和再一次创新。2015 年，党的十八届五中全会明确要求，完善土地所有权、承包权、经营权分置办法，原有的土地"承包经营权"分解为土地"承包权"和土地"经营权"，土地"所有权"仍然归农村集体。2016 年，中共中央办公厅、国务院办公厅印发《关于完善农村土地所有权承包权经营权分置办法的意见》，明确坚持集体所有权，稳定农户承包权，放活土地经营权，最终实现土地资源与产权的优化配置。2019 年，新修正的《中华人民共和国农村土地承包法》（以下简称《农村土地承包法》）将"三权分置"转化为法律规范，进一步强化了对承包农户合法权益的保护，促进土地资源优化配置，为农业增效、农民增收和乡村振兴提供坚实保障。

一、"三权分置"改革

（一）农村土地承包经营权确权登记颁证工作顺利完成

2014 年，中央明确提出用 5 年时间基本完成全国农村土地承包经营权确权登记颁证工作。截至 2018 年底，全国共涉及 2 838 个县（市、区）及开发区、3.4 万个乡镇、55 万多个行政村的承包地确权登记颁证工作顺利完成。通过确权，15 亿亩承包地确权给承包农户，达到了搞清、搞准、搞实农户承民地的目标要求；妥善解决了大约 68 万起土地承包纠纷，化解了大量久拖未决的历史遗留问题；2 亿农户拥有了农村土地承包经营权证书，农民从此吃上"定心丸"。2019 年，按照中央要求，组织开展"回头看"，做好收尾工作。通过"回头看"，各地在 2019 年又陆续解决了 388.7 万户承包农户证书未发放、1 420 万亩土地暂缓确权、322 万户承包农户确权信息不准等问题，更好地厘清了农村土地承包经营权的主体地位和保障了承包农户合法权益。承包农户行使占有、使用、流转、收益等权利有了法定凭证，促进了土地承包关系的稳定，夯实了家庭承包经营基础性地位，进一步巩固和完善了农村基本经营制度。

（二）明确土地承包关系"长久不变"政策

党的十九大报告明确"保持土地承包关系稳定并长久不变，第二轮土地承包到期后再延长三十年"进一步明晰农村承包地各项子权利与不同主体之间的稳定关系。2019 年新修定的《农村土地承包法》规定，要稳定现有土地承包关系并保持长久不变；耕地的承包期为 30 年，草地的承包期为 30～50 年，林地的承包期为 30～70

年；前款规定的耕地承包期届满后再延长 30 年，草地、林地承包期届满后依照前款规定相应延长。这项政策进一步强化了土地财产功能，降低了农地交易成本、促进了农业持续增长，有利于激励农民对土地的长期投资、促进土地流转。2019 年，农业农村部组织各地申报第二轮土地承包到期后再延长 30 年试点。2020 年 5 月，组织试点地区稳妥开展二轮延包试点，通过试点先行，审慎稳妥推进，深入贯彻落实"长久不变"政策意义，维护亿万农民群众切身利益。

（三）土地经营权流转管理与服务进一步加强

推进农村土地承包经营权的流转，不但可以促进我国农村土地的规模化发展；而且可以进一步提高农村土地的使用率。2014 年中共中央办公厅、国务院办公厅印发《关于引导农村土地经营权有序流转发展农业适度规模经营的意见》，明确了引导土地有序流转、发展适度规模经营的基本原则和重大举措，这一举措即盘活土地资产，又提高了农民的财产性收入，保障了农民利益。2015 年，农业部等部门联合印发《关于加强对工商资本租赁农地监管和风险防范的意见》，提出引导工商资本到农村发展适合企业化经营的现代种养业，加强资本租赁农地规范管理、健全风险防范机制、强化事中事后监管。2016 年，农业部印发《农村土地经营权流转交易市场运行规范（试行）》，进一步明确了流转交易市场进行交易的规范性程序。2019年，全国农村承包耕地流转面积超过5.55亿亩，流转面积比例35.9%。全国1 200多个县（市、区）、18 000多个乡镇建立农村土地经营权流转服务中心。同时，中央农办、农业农村部积极组织修改完善并发布了《农村土地经营权流转管理办法》，作为全国农村土地流转管理的法规性文件。

（四）农村土地承包经营纠纷调解仲裁进一步规范

2016年，农业部会同国家林业局印发《农村土地承包经营纠纷仲裁法律文书示范文本》，通过提供规范的格式文本，指导和规范各地农村土地承包经营纠纷仲裁活动。同年，农业部印发《关于加强基层农村土地承包调解体系建设的意见》，对健全调解机构、明确调解范围、规范调解程序等提出了具体要求。2018年，农业部制定了《农村土地承包仲裁员农业行业职业技能标准（试行）》，对仲裁员职业的工作内容、技能要求和知识水平做出了规定。截至2019年底，全国成立农村土地承包经营纠纷仲裁委员会2 600多个，聘任仲裁员5万多人。2016—2019年，各地县、乡、村三级调处土地承包经营纠纷累计100余万件，纠纷调处率超过90%；其中有90%的矛盾纠纷化解在乡村，有10%的矛盾纠纷案件由县级仲裁机构受理。

二、继续深化农村承包地改革

下一步，继续深化农村承包地改革，释放改革活力。

一是进一步完善"三权分置"制度体系。重点是依法维护农民集体对承包地发包、调整、监督、收回等权利，确保集体权利不被虚置。稳定农户承包权，坚持稳定农村土地承包关系，切切实实保护好承包户对集体所有土地依法享有的占有权、使用权、收益权。放活经营权，顺应进城落户、外出务工等农民意愿，探索建立农户承包地依法、自愿、有偿转让和退出制度。平等保护经营权，不断健全土地经营权流转管理服务制度，完善其在抵押、入股等方面的权利，鼓励新型经营主体改良土壤、提升地力、建设农田基础设施，促进农地资源优化配置。

二是稳妥推进"长久不变"政策落实落地，逐步扩大二轮到期延包试点。严格按照中央政策要求，坚持"两不变，一稳定"，坚持延包原则，充分尊重农民主体地位，保证农村土地承包关系长期稳定、农村社会和谐。边试点、边总结，形成可复制、可推广的延包模式，研究制定配套政策，指导各地稳步展开二轮到期延包工作。

三是引导土地经营权规范、有序流转。按照《农村土地承包法》和《农村土地经营权流转管理办法》，指导各地依法依规建立社会资本通过流转取得土地经营权资格审查、项目审核和风险防范制度，引导土地经营权有序流转，发展多种形式农业适度规模经营。

四是不断提升土地承包经营纠纷调解仲裁公信力。认真贯彻中共中央办公厅、国务院办公厅印发的《关于完善仲裁制度提高仲裁公信力的若干意见》，根据实践发展要求不断完善承包经营纠纷仲裁制度、提高仲裁公信力，妥善化解矛盾纠纷，提高农民依法维权意识，增强基层干部依法办事能力，从源头预防和减少农村矛盾纠纷。

三、政策保障

1. 稳定农村土地承包关系，健全土地承包经营权登记制度

2014 年，中共中央办公厅、国务院办公厅印发《关于引导农村土地经营权有序流转发展农业适度规模经营的意见》（以下简称《意见》）指出，"建立健全承包合同取得权利、登记记载权利、证书证明权利的土地承包经营权登记制度，是稳定农村土地承包关系、促进土地经营权流转、发展适度规模经营的重要基础性工作"，《意见》指出，"在稳步扩大试点的基础上，用 5 年左右时间基本完成全国土地承包经营权确权登记颁证工作，妥善解决农户承包地块面积不准、四至不清等问题"。

2. 三权分置的提出

2016 年，中共中央办公厅、国务院办公厅印发的《关于完善农村土地所有权承包权经营权分置办法的意见》明确提出，将土地承包经营权分为承包权和经营权，实行所有权、承包权、经营权"三权分置"，这是土地产权的解构与重构的过程。是继家庭联产承包责任制后中国农村土地制度的又一次发展，农村改革的又一重大制度创新，为优化配置土地资源，发展适度规模经营、促进农业现代化开辟了新路径。

3. 法律法规进一步健全

随着新时代农业农村的持续发展，以前制定的政策如《农村土地承包经营权流转管理办法》中许多条款已不适应新的形势和法律政策要求。2021 年 1 月 26 日，农业农村部发布了新的《农村土地经营权流转管理办法》（以下简称《办法》）。该《办法》就农村土地经营权流转行为、流转管理等方面做出了进一步规定。其一，《办法》强调土地经营权流转应当坚持农村土地农民集体所有、农户家庭承包经营的基本制度，保持农村土地承包关系稳定并长久不变，确保农地农用，把握好流转、集中、规模经营的度，在依法保护集体土地所有权和农户承包权前提下，平等保护土地经营权。其二，《办法》删除了转让、互换土地经营权的流转方式，明确了土地经营权流转的受让方应当依照有关法律法规保护土地，更加注重耕地农田的保护，强调禁止闲置、荒芜耕地。禁止占用永久基本农田发展林果业和挖塘养鱼。土地经营权流转合同到期或者未到期由承包方依法提前收回承包土地时，受让方有权获得合理补偿，且流转期限届满后，受让方享有以同等条件优先续约的权利。其三，《办法》完善了流转合同及相应管理制度，该合同增加关于双方当事人联系方式、流转土地类型、地块代码以及土地被依法征收、征用、占用时有关补偿费的归属等条款。流转合同示范文本的制定进行了调整，主体由省级人民政府农业行政主管部门调整为农业农村部。《办法》指明，确保农地农用，优先用于粮食生产，要将经营项目是否符合粮食生产等产业规划作为审查审核的重点内容，受让人如果发生擅自改变土地的农业用途、弃耕抛荒连续两年以上、给土地造成严重损害或者严重破坏土地生态环境等严重违约行为的，发包方有权要求终止土地经营权流转合同。其四，《办法》明确土地经营权融资担保职能。承包方、受让方利用土地经营权融资担保，应依法办理备案，并向乡（镇）人民政府农村土地承包管理部门报告。建立国家、省、市、县等互联互通的农村土地承包信息应用平台，提升土地经营权流转规范化、信息化管理水平，地方人民政府可以根据本《办法》，结合本行政区域实际，制定审查审核的实施细则。其五，《办法》鼓励多途径防范土地流转风险，加强事中、事后监管。县级以上地方人民政府可以依法建立工商企业等社会资本通过流转取得土地经营权的风险防范制度，及时查处纠正违法违规行为。鼓励各地建立多种形式的土地经营权流转风险防范和保障机制，鼓励承包方和受让方在土地经营权流转市场或者农村产权交易市场公开交易，流转双方协商设立风险保障金。

【议一议】

1. 说一说保持土地承包关系稳定并长久不变的内涵，为什么？

2. 如何继续深化农村承包地改革？

第四节　农村宅基地制度改革

截至 2019 年底，我国农村宅基地总面积约为 1.7 亿亩，约占集体建设用地的 54%。2015 年以来，中共中央办公厅、国务院办公厅印发《关于农村土地征收、集体经营性建设用地入市、宅基地制度改革试点工作的意见》，设置了 33 个宅基地制度改革试点。各改革试点按照"依法公平取得、节约集约使用、自愿有偿退出"的目标要求，围绕"两探索、两完善"，即完善宅基地权益保障和取得方式、探索宅基地有偿使用制度、探索宅基地自愿有偿退出机制、完善宅基地管理制度，取得了一定的成效，政府税收增加，土地利用效率得到提高，取得了积极进展。

一、宅基地管理制度取得的进展

（一）完善宅基地权益保障和取得方式

试点地区因地制宜探索出保障农民户有所居的多种实现方式：在传统农区继续推行"一户一宅"制度；在人均耕地少、二三产业比较发达的地区，在农民自愿的基础上，实行相对集中统建、多户联建等方式落实"一户一宅"制度；在土地利用总体规划确定的城镇建设用地范围内，通过建设新型农村社区、农民公寓和新型住宅小区保障农民"一户一房"。陕西高凌在城市规划区外的传统农区，实行"一户一宅"，在城市规划区内鼓励进城落户农民、务工人员有偿退出宅基地。福建晋江因地制宜按城中村、城郊村、郊外村分类采取"一户一宅"和"一户一居"并存的住房保障方式，实现农民住有所居、住有宜居。

（二）探索宅基地有偿使用和自愿有偿退出机制

试点地区结合本地实际和农民意愿，针对因历史原因形成的一户多宅、超标准占用、非本集体成员通过继承房屋或其他方式占用宅基地的，探索收取有偿使用费。同时，一些试点地区还积极统筹农民住房财产权抵押试点，探索宅基地使用权抵押贷款。大部分试点地区主要通过宅基地复垦，以节余指标、地票、集地券等方式有偿交易，允许农民自愿退出宅基地。宅基地退出补偿模式主要有货币置换、异地房产置换、异地宅基地置换3种，安徽金寨、四川泸县、河南长垣、湖北宜城、福建晋江分别退出宅基地4.85万亩、2.21万亩、0.94万亩、0.72万亩、0.70万亩，除有偿退出外，对于空闲或已经坍塌两年以上的宅基地，进行强制退出。

（三）完善宅基地审批和监管制度

改革试点地区按照利民便民的原则，简化宅基地审批流程，优化审批程序，将增量宅基地审批权下放至县级人民政府、存量宅基地审批权下放至乡级人民政府。浙江德清、义乌将宅基地审批环节全部纳入便民服务体系，实现"最多跑一次"服务，强化批后监管。多数试点地区建立了村民事务理事会制度，由村民事务理事会负责宅基地申请、流转、退出、收益分配等事务，保障宅基地管理各项审批制度依法依规执行。四川泸县增强镇级权能，向镇级政府下放宅基地执法权，建成宅基地"批、供、用、管"一体化县级管理信息平台。福建晋江开发了宅基地审批综合管理系统，可自动核

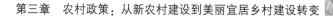

对规划、用地红线、判断是否"一户多宅"，实现申请更便利，审批更智能。

二、探索宅基地"三权分置"有效实现形式

宅基地"三权分置"改革是推动城乡要素双向流动、满足农村新产业新业态发展用地要求和新时代农村土地制度改革的重要内容。2018年中央一号文件提出，探索宅基地所有权、资格权、使用权"三权分置"，落实宅基地集体所有权，保障宅基地农户资格权和农民房屋财产权，适度放活宅基地和农民房屋使用权。各地也在积极探索创新，浙江义乌率先开展了宅基地"三权分置"探索。充分发挥农村集体经济组织在集体成员资格确认、村庄规划、宅基地处置和收益分配等方面的主导作用。云南大理规范宅基地及地上房屋租赁用于乡村旅游，年期一般为20年以内，到期房地归还宅基地使用权人，村集体对流转的宅基地收取土地增值收益调节金。2019年中央一号文件提出，稳慎推进农村宅基地制度改革，拓展改革试点，丰富试点内容，完善制度设计。农村宅基地制度改革事关农民切身利益，事关农村稳定和发展大局，是深化农村改革的重要内容。2020年6月30日，中央全面深化改革委员会第十四次会议审议通过了《深化农村宅基地制度改革试点方案》。进一步落实国家层面政策举措的基础上，锚定宅基地产权权能受限、用途转换

刚性约束较多、宅基地流转盘活区域差异显著等特征性事实，确保
农村宅基地集体所有制更加健全、农民土地权益更有保障、闲置宅
基地盘活利用更加有效、集体土地管理制度更加规范。国务院副总
理、中央农村工作领导小组组长胡春华出席深化农村宅基地制度改
革试点电视电话会议并讲话，强调要深入贯彻习近平总书记重要指
示精神，坚持稳中求进工作总基调，周密谋划、有序实施，稳慎做
好深化农村宅基地制度改革试点各项工作。下一步，重点做好以下
工作。

一是做好新一轮农村宅基地制度改革试点工作，探索宅基地所
有权、资格权、使用权分置实现形式，推动建立依法取得、权属清
晰、权能完整、流转有序、管理规范的农村宅基地制度体系。

二是加快推进农村宅基地使用权确权登记颁证，探索赋予宅基
地使用权作为用益物权更加充分的权能。

三是建立健全农村宅基地管理体制机制，加快宅基地立法，加
强宅基地规范化管理，严格落实"一户一宅"。

四是完善农民闲置宅基地和闲置农房政策，鼓励和引导农村集
体经济组织及其成员采取多种方式盘活利用农村闲置房地资源，为
乡村振兴增添发展动力。

三、政策保障

宅基地是保障农村社会和谐稳定和农村农民安居乐业的重要基础。加强宅基地管理，对于推进美丽乡村建设和实施乡村振兴战略、保护农民权益具有十分重要的意义。根据 2019 年修改的《中华人民共和国土地管理法》（以下简称《土地管理法》），为了更好的规范宅基地管理与改革发展，《中央农村工作领导小组办公室、农业农村部关于进一步加强农村宅基地管理的通知》《农业农村部、自然资源部关于规范农村宅基地审批管理的通知》两个文件被下发，对宅基地的审批权限和管理部门职责进行进一步调整并予以明确。

一是进一步明确管理职责。农业农村部门负责农村宅基地改革和管理工作，建立健全宅基地分配、使用、流转、违法用地查处等管理制度，完善宅基地用地标准，指导宅基地合理布局和闲置农房利用；组织开展农村宅基地现状和需求情况统计调查，及时将农民建房新增建设用地需求通报同级自然资源部门；参与编制国土空间规划和村庄规划。在国土空间规划中统筹安排宅基地用地规模和布局，依法办理农用地转用审批和规划许可等相关手续。

二是下放了审批权。按照部门职能和国务院"放管服"改革要求，将原来的"由县级人民政府批准"修改为"农村村民住宅用地，由乡（镇）人民政府审核批准"。其中，涉及占用农用地的，依照《土地管理法》第四十四条的有关规定办理审批手续。《土地管理法》第四十四条规定，"在土地利用总体规划确定的城市和村庄、集镇建设用地规模范围内，为实施该规划而将永久基本农田以外的农用地转为建设用地的，按土地利用年度计划分批次按照国务院规定由原批准土地利用总体规划的机关或者其授权的机关批准"。

三是明确审批流程。符合申请条件的农户，以户为单位向所在村民小组提出宅基地和建房书面申请。村民小组收到申请后，应提交会议讨论，并将申请理由、拟用地位置和面积、拟建房层高和面积等情况公示。公示无异议或异议不成立的，村民小组将农户申请等材料交村集体经济组织或村民委员会（以下简称村级组织）审查。村级组织重点审查提交的材料是否真实有效、拟用地建房是否符合村庄规划等。审查通过的，由村级组织签署意见，报送乡镇政府。

四是保障农村建房用地需求。农村村民建住宅，不得占用永久基本农田，应当符合乡（镇）土地利用总体规划、村庄规划。各省级自然资源主管部门会同农业农村主管部门，每年要以县域为单位，提出需要保障的村民住宅建设用地计划指标需求，经省级政府审核后报自然资源部。自然资源部征求农业农村部意见后，在年度全国土地利用计划中单列安排，专项保障农村村民住宅建设用地。

当年保障不足的，下一年度优先保障。

五是保障宅基地使用权。禁止违法收回农村村民依法取得的宅基地，禁止以退出宅基地作为农村村民进城落户的条件，禁止违背农村村民意愿强制流转宅基地，禁止强迫农村村民搬迁退出宅基地，为农民维护自身合法权益提供了明确的法律依据。

【议一议】

1. 农村承包地"三权"分置改革包含哪些内容？

2. 宅基地"三权"分置实现形式有哪几种？

第四章 农民政策：从庄稼汉到新时代居民转变

伴随工业化和城镇化的深入推进，我国农村发展正在进入新的发展阶段。我国作为农业大国，"三农"问题一直是全社会关注的焦点，党和政府也高度重视"三农"问题，连续多年的中央一号文件都强调培育新型职业农民的重要性，要求推进新型职业农民培育工程，扩大新型职业农民队伍。农民富不富、农业强不强、农村美不美，决定着亿万农民的获得感和幸福感，决定着我国全面小康社会的成色和社会主义现代化的质量。乡村振兴战略明确了乡村发展新思路，指明了新时代乡村发展方向。通过扶持农民、富裕农民、提高农民，实现农业全面升级、农村全面进步、农民全面发展的目标，培养造就一支爱农村、懂农业、爱农民的"三农"工作队伍，让农民成为体面的职业，农业成为有奔头的产业，让农村成为安居乐业的美丽家园。

第一节　农民教育培训

乡村振兴，关键在人。人才培养，基础在教育培训。2017 年，农业部发布《"十三五"全国新型职业农民培育发展规划》，要求通过培训提高一批、吸引发展一批、培育储备一批，加快构建新型职业农民队伍人才培养，始终把提高农民素质作为发展现代农业的基础性战略性工作，加快构建懂技术、善经营、有文化、会管理的高素质现代农民队伍。

一、农民培训成就

农业农村人才是强农兴农的根本，"十三五"期间，中央财政累计投入 91.9 亿元，累计培育高素质农民 500 万人，造就更多乡土人才，以产业扶贫带头人、新型经营主体带头人、现代青年农场主和返乡回乡农民为重点，支持各地分类开展农民教育培训，集中培训与现场实训相结合，线上培训与线下培训相结合，采取"一点两线、全程分段"的培育模式，推进农民教育培训的提质增效，示范带动农民全面发展，提升农民素质，提高农业科学技术的应用能力，以产业发展为立足点，以生产技能和经营管理能力提升为两条主线，分阶段组织实训实习、参观考察、集中培训和生产实践。大批高素质农民活跃在农业生产经营一线，在提升农业综合生产能力和竞争力、保障国家粮食安全和重要农产品生产、带动农民增收致富等方面发挥重要作用，成为振兴乡村的主力军。

（一）农民教育培训体系不断健全

"十三五"以来，为加快建设具有中国特色的农民教育培训体系，各地各级党委政府坚持高位推动，基本形成农业农村部门牵头，公益性培训机构为主体，市场力量和多方资源共同参与的教育培训体系，重点培养一批新型农业经营主体带头人，围绕农业发展需要，规范培训内容，建立培训制度。各级农广校应发挥农民教育培训的支撑作用，涉农院校加强农业农村人才培养力度，农业企业、科研院所、农民合作社、农业园区等多元力量参与农民培训。5年间，农业农村部积极发动社会力量，联合共青团中央评选"全国农村青年致富带头人"，联合全国妇联开展高素质女性农民培养，联合中国科学技术协会开展乡村振兴农民科学素质提升行动，联合国家农担开展金融担保服务，支持农民发展，吸引大批企业积极参与培育工作，为农民发展注入强劲市场动能。

（二）农民成才途径不断拓宽

技能培训是提高农民产业发展能力的有效手段。"十三五"以来，农业农村部大力实施高素质农民培育计划，推动农民技能培

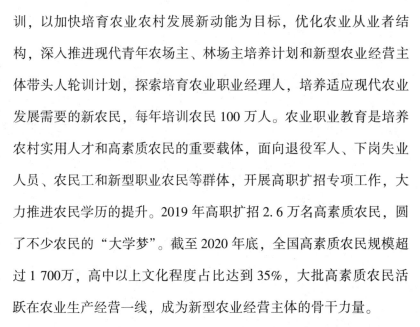

训，以加快培育农业农村发展新动能为目标，优化农业从业者结构，深入推进现代青年农场主、林场主培养计划和新型农业经营主体带头人轮训计划，探索培育农业职业经理人，培养适应现代农业发展需要的新农民，每年培训农民 100 万人。农业职业教育是培养农村实用人才和高素质农民的重要载体，面向退役军人、下岗失业人员、农民工和新型职业农民等群体，开展高职扩招专项工作，大力推进农民学历的提升。2019 年高职扩招 2.6 万名高素质农民，圆了不少农民的"大学梦"。截至 2020 年底，全国高素质农民规模超过 1 700 万，高中以上文化程度占比达到 35%，大批高素质农民活跃在农业生产经营一线，成为新型农业经营主体的骨干力量。

深入实施农村实用人才带头人素质提升计划，进一步壮大农村实用人才队伍。重点面向中西部贫困地区，开展农村实用人才带头人示范培训，为农村培养了一大批留得住、用得上、干得好的带头人，辐射带动各地加大农村实用人才培训力度。截至 2020 年底，全国农村实用人才总量约 2 254 万人，为脱贫攻坚和乡村振兴提供了有力人才支撑。

(三) 新型农业经营和服务主体实力持续壮大

"十三五"期间，紧紧围绕促进产业兴旺目标任务，提升农民的培训效率，各级政府相关部门完善培训体系，以家庭农场经营者、农民合作社负责人等为重点，培养现代青年农场主、创新创业青年等年轻力量 5 万人，培育农业经理人等经营管理人才 1.6 万人，培育各类新型经营服务主体带头人超过 200 万人。截至 2018 年，全国 21 个省、市，300 余所高校参与其中，受益农民工学员已超过百万人。例如，陕西省认定的高素质农民有近 70%来自新型农业经营主体或创办了新型农业经营主体，有近 40%常年从事或投身于农业先进科技知识传播；山东省每年培育的高素质农民领办兴办新型经营主体超过 1 万家；河南省参加培训的学员自主创业率增加 20%以上；湖南省创业培训学员带动普通农民户均增收 5 000元。

二、培训规划

（一）健全农民教育培训体系，提升农民科技文化素质

建立短期培训、职业培训和学历教育衔接贯通的农民教育培训制度，培训内容要因材施教与当地的农事实际情况相结合，理论与实践做到完美融合，尽量通俗易懂。充分发挥农业科研院所、涉农院校、农业广播电视学校、农业龙头企业等作用，把终身教育和开放教育融入农民培训体系中，引导优质教育资源下沉乡村，推进教育培训资源共建共享、优势互补。

建立专门负责农民培训的农业农村部下属机构，安排固定的负

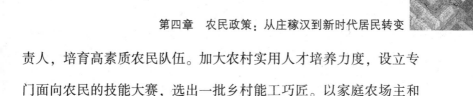

责人，培育高素质农民队伍。加大农村实用人才培养力度，设立专门面向农民的技能大赛，选出一批乡村能工巧匠。以家庭农场主和农民合作社带头人为重点，加强高素质农民培育。

深化农业职业教育改革，扩大中高等农业职业教育招收农民学员规模。实施农民企业家、农村创业人才培育工程。健全完善农业高等院校人才培养评价体系，定向培养一批农村高层次人才。

（二）加强农村思想道德建设，加强新时代农村精神文明建设

乡村振兴作为实现中华民族伟大复兴事业的组成部分，任务艰巨。在推动乡村社会发展的同时，思想道德建设也不应被忽视，以农民群众喜闻乐见的方式，深刻理解与领会习近平新时代中国特色社会主义思想科学，深入开展开展党史、新中国史、改革开放史、社会主义发展史宣传教育，加强爱国主义、集体主义、社会主义教育，弘扬和践行社会主义核心价值观，建设基层思想政治工作示范点，培养新时代农民。

深化群众性精神文明创建活动，让精神引领和道德力量深度融入乡村治理。提高农民群体的自觉性与全社会的公德水平，实施公民道德建设工程，拓展新时代文明实践中心建设。弘扬理想信念教育，有利于农村社会健康发展与提升百姓生活水平，凭借正确的价

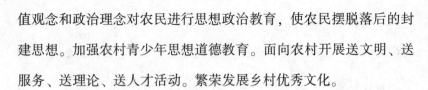

值观念和政治理念对农民进行思想政治教育，使农民摆脱落后的封建思想。加强农村青少年思想道德教育。面向农村开展送文明、送服务、送理论、送人才活动。繁荣发展乡村优秀文化。

传承农村优秀传统文化是提升农民文化素养的重要途径，继承发扬优秀传统乡土文化，建设乡村非物质文化遗产传习所（点）。深入实施农耕文化传承保护工程，加强农业文化遗产发掘认定和转化创新。加强传统村落、少数民族特色村寨、历史文化名村名镇、传统民居、农村文物、地名文化遗产和古树名木保护。振兴传统农业节庆，办好中国农民丰收节。发掘当地民俗特色、节日活动、历史文化，开发民俗文化旅游、乡村生态旅游项目，促进农村旅游业的发展。

开展一系列文明创建活动，创新实施文化惠民工程，加强乡镇综合文化站、村综合文化中心、文体广场等基层文化体育设施建设。健全支持开展群众性文化活动机制，发展乡村特色文化产业，满足农民群众多样化、多层次、多方面的精神文化需求。实施智慧广电固边工程和乡村工程，在民族地区推广普及有线高清交互数字电视机顶盒。持续推进农村移风易俗。开展专项文明行动，革除高价彩礼、人情攀比、厚葬薄养、铺张浪费等陈规陋习。提倡婚事新办、丧事简办、喜事小办或不办、"恶俗"陋习禁办，文明乡风沁入人心；文化生活较为丰富，加强农村家庭、家教、家风建设，倡导敬老孝亲、健康卫生、勤俭节约等文明风尚。深化文明村镇、星级文明户、文明家庭创建。

加快在农村普及科学文化知识，坚决反对迷信活动。依法管理农村宗教事务，加大对农村境外渗透活动和非法宗教活动的打击力度，依法制止利用宗教干预农村公共事务。建立健全农村信用体系，健全守信激励和失信惩戒机制。

（三）促进城乡人力资源双向流动

建立健全乡村人才振兴体制机制，创新乡村人才培育引进使用机制，完善人才引进、培养、使用、评价和激励机制。允许入乡创业人员落户并享受相关权益，建立科研人员入乡创业制度。建立健全城乡人才合作交流机制，推进城市教科文卫体等工作人员定期服务乡村。

健全农业转移人口市民化配套政策体系，促进农业转移人口有序有效融入城市，完善财政转移支付与农业转移人口市民化挂钩相关政策。依法保障进城落户农民农村宅基地使用权、农村土地承包权、农村集体收益分配权，建立农村产权流转市场体系，健全农户"三权"市场化退出机制和配套政策。

三、政策保障

为了培育大量高素质农民，促进农村经济的发展。党的十八大报告中提出要着力促进农民增收，培育高素质农业经营主体，发展多种形式规模经营，通过培训提高一批、吸引发展一批、培育储备一批，加快构建新型农业经营队伍，构建集约化、专业化、组织化、社会化相结合的高素质农业经营体系。2012 年中央一号文件中也提出要大力培育高素质职业农民，大力培育农村实用人才，切实提高新型职业农民培育的针对性、规范性和有效性，对未升学的农村高初中毕业生免费提供农业技能培训，对农村青年务农创业和农民工返乡创业项目给予补助和贷款支持。《2020 年全国高素质农民发展报告》显示，2020 年农业农村部、财政部启动实施国家高素质农民培育计划，基本实现农业县全覆盖，重点培育高素质农业经营服务主体经营者、产业扶贫带头人、返乡入乡创新创业者和专业种养加能手。党和政府及相关部门相继出台了关于高素质农民的教育培训政策，培养造就一支懂农业、爱农村、爱农民的"三农"工作队伍，这对于提高农业现代化水平具有重大的指导意义。

2012—2019 年，新型职业农民成为培育重点。2012 年"新型职业农民"概念第一次出现在中央文件中，并且引入了"职业"概念。这是中央立足我国农村劳动力结构的新变化，着眼现代农业发展的新需求，培养未来现代农业主体作出的战略决策，在传统农民"去身份化"转向新型职业农民的过程中具有重要的里程碑意

义。阳光培训工程明确提出向培育新型职业农民倾斜，并对全国
100 个新型职业农民培育试点的 2 万名新型职业农民培育对象开展
系统培训。2019 年之后，正式提出"高素质农民"概念。2019 年
8 月 19 日，《中国共产党农村工作条例》（以下简称《条例》）正
式实施。《条例》明确提出，"培养一支有文化、懂技术、善经营、
会管理的高素质农民队伍，造就更多乡土人才"。"高素质农民"
这一概念，更加尊重农民农业农村现代化建设的主体地位和首创精
神，体现了中央切实保障农民物质利益和民主权利的考虑。同年，
农业农村部办公厅、教育部办公厅印发《关于做好高职扩招培养高
素质农民有关工作的通知》，启动实施"百万高素质农民学历提升
行动计划"。随着农业农村现代化推进步伐加快，高素质农民培育
已经越来越提上议程。

1. 教育培训

农民教育培训工作基本形成各级党委政府主导，农业农村部
门牵头，公益性培训机构为主体，市场力量和多方资源共同参与
的农民教育培训体系。以全国范围的农民教育培训专项工程为引
领，带动各地多渠道、多形式、多层次推进农业农村实用技术和
经营技能培训。分层次、分区域、分对象对高素质农民进行培
训，主要包括对务农农民的教育培训、对返乡下乡创业创新主体
的培训，还包括对认定后的高素质农民进行经常性的教育培训

等。近年来，各地各部门以稳定地从事某项农业劳动作业的主体、雇工等为主要培训对象，让这些生产经营者掌握从事某项农业生产相关的专业理论知识，包括农业生产技术、农产品质量安全常识、农业生态和可持续发展知识、职业道德等，熟练掌握相关的技术技能。

2. 就业创业扶持

就业创业扶持基本形成了以高素质农民为主要对象，与项目制补贴相结合，通过政府购买服务、以奖代补、先建后补等方式，支持乡村就业创业的扶持体系。与整个国家大的就业政策类似，这实际上是一种主动创造就业创业机会的积极培育政策。在当前"大众创业、万众创新"的大背景下，各级政府结合返乡农民工创业特点、需求和地域经济特色，积极组织实施农民工返乡创业专项培训计划，对返乡农民工给予创业培训补贴。

3. 职业技能鉴定

按照现代农业生产经营专业化分工、主体自身需求和用工岗位合理选择职业技能，初步形成了以产业发展带动农业农村技能人才队伍建设，以熟练掌握某项或某方面生产技能为基本目标，结合农业农村关键生产环节分段进行认证的制度。围绕职业资格认定，农业农村部门建设职业标准、鉴定工作队伍和质量体系，规范农业职业技能鉴定，不断提升鉴定质量。

4. 新型经营主体培育

新型经营主体培育的一个重要内容就是，支持新型农业经营主体带头人等提升技术应用和生产经营能力。近年来，国家要求地方支持农民合作社示范社（联合社）和示范家庭农场改善生产条件，应用先进技术，提升规模化、绿色化、标准化、集约化生产能力，建设清选包装、烘干等产地初加工设施，提高产品质量水平和市场竞争力。鼓励各地为农民合作社和家庭农场提供财务管理、技术指导等服务。除了技术和经营能力提升外，农业农村部门还支持新型农业经营主体建设基础设施，这实际已经形成了对高素质农民"真金白银"的支持。

5. 社会保障

部分地区已经开始探索把高素质农民作为一种新的职业群体，允许享受城镇职工同等的养老、医疗、失业、工伤等社会保障待遇，提高社会保障水平，解决相关后顾之忧。上海市金山区对本市户籍获生产经营型高素质农民证书、在金山区从事农业生产经营的农业从业人员，并且缴纳城镇职工社会保险 3 个月以上，按上海市社会保障部门确定的职工社会保险基数下限中单位缴费部分的 80% 给予补贴。

6. 扶贫培训

主要是聚焦深度贫困地区，加大农业产业技术培训力度。例如，湖北省开展"巾帼电商培训助扶贫"专题培训班，重点培训帮扶农村妇女从事电商。又如，陕西省扎实开展产业扶贫技术培训百日大行动，确保产业脱贫户技术服务全覆盖。再如，甘肃省围绕建档立卡贫困户开展一户一个"科技明白人"的普及培训，把产业扶贫落实到"扶智、扶技"中。

【议一议】

1. 如何提升农民科技文化素质，健全农民教育培训体系？
2. 促进城乡人力资源双向流动的措施有哪些？

第二节　农民返乡创业

"十三五"期间，一二三产业加快融合，农村创业创新环境持续改善，新产业新业态层出不穷，吸引一大批农民工、中高等院校毕业生、退役军人和科技人员等各类人才返乡入乡创业，这些青年才俊回乡就业，对城乡一体化和"三农"经济的全面发展起到很大的推动作用，且具有深远影响；趁此东风，扶持一批"田秀才""土专家""乡创客"等乡土人才以及留住乡村工匠、文化能人、

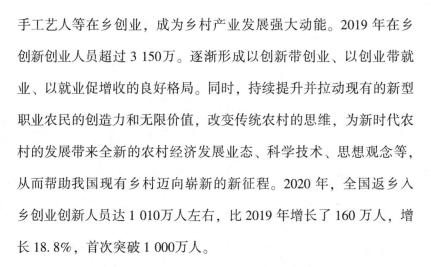

手工艺人等在乡创业，成为乡村产业发展强大动能。2019 年在乡创新创业人员超过 3 150 万。逐渐形成以创新带创业、以创业带就业、以就业促增收的良好格局。同时，持续提升并拉动现有的新型职业农民的创造力和无限价值，改变传统农村的思维，为新时代农村的发展带来全新的农村经济发展业态、科学技术、思想观念等，从而帮助我国现有乡村迈向崭新的新征程。2020 年，全国返乡入乡创业创新人员达 1 010万人左右，比 2019 年增长了 160 万人，增长 18.8%，首次突破 1 000 万人。

（一）完善政策创设

党的十八大召开后，中央政府把新型城镇化作为重要发展方向，城乡发展一体化作为重点，支持农民工等群体返乡创业，农业农村部出台了一系列重大政策措施，在融资服务、税收优惠、财政补助、用地用电等方面予以支持。同时，农业农村部会同人力资源社会保障部、财政部出台《关于进一步做好返乡创业工作的意见》，提出"对首次创业、正常经营 1 年以上的返乡入乡创业人员，可给予一次性创业补贴"，各级政府在创业环境及政策方面都大力支持，以便吸引更多人返乡创业，如 2019 年赣州市创业担保贷款政策宣传手册，明确指出了农村自主创业农民符合条件可享受 300 万以内 3 年免息贷款；农业农村部会同国家发展和改革委员会等 8 部门联合出台《关于深入实施农村创新创业带头人培育行动的意见》，强化政策扶持，集聚资源力量，要求到2025 年，培育农村创业创新带头人 100 万以上，基本实现农业重点县的行政村全覆盖；联合国家发展和改革委员会等部委出台《关于进一步支持农民工等人员返乡创业打造返乡创业升级版的意见》，引导更多农民工返乡创业，对于农民工创办小微企业享受一定额度的税收减免政策，带动农民就地就近创业；会同科学技术部等印发《关于推进返乡入乡创业园建设提升农村创业创新水平的意见》，进一步完善了返乡入乡创业政策，明确返乡入乡创业园建设重点，优化了返乡入乡创业环境。

（二）搭建创业平台

按照"政府搭建平台、平台聚集资源、资源服务创业"的要求，建设农村创业创新园区、孵化实训基地、现代农业产业园、农业产业强镇、农村一二三产业融合发展示范园等，为各类返乡入乡人员和在乡能人等提供创业创新的平台，施展他们创业才能和聪明才智。目前，农业农村部已认定 1 096 个具有区域特色的孵化实训基地和农村创业创新园区，并向社会推介了 200 个全国农村创业创新典型县范例，连续举办 5 次全国新农民新业态创业创新大会，全面展示新农民、新技术、新业态、新农业、新农村发展成就；鼓励创业示范，启动创业明星评选活动，由基层组织推荐创业明星进行表彰与奖励，营造全民创业的社会氛围，鼓励更多想创业的人追求梦想；连续举办四届全国农村创业创新项目创意大赛，选拔了一批优秀创新项目和创业人才，促进农村创业创新高质量发展。

（三）加强创业培训

农业农村部联合有关部门采取一系列举措，把返乡创业农民工纳入培训体系，稳步提升农民工等返乡入乡创业创新能力。对于返乡创业农民工提供免费的创业培训课程。围绕创业知识开展理论、实践相结合的培训课程。加大培训力度，实施高素质农民培育计划，重点面向新型农业经营主体骨干开展系统培训，每年培育农民超过100万人，增强创业和就业能力。实施返乡入乡创业培训行动计划，使每位有意愿的创业者都能接受一次创业培训，培训服务要贯穿于整个创业过程，在创业前、创业中都要进行跟踪反馈。实施农村创新创业带头人培育行动，为农村创业者提供全方位指导服务。创新培训方式，开设农村创业创新云讲座，充分利用门户网站、远程视频、云互动平台、微课堂、融媒体等现代信息技术手段，提供灵活便捷的在线培训。将农民工创业培训和职业化教育相衔接，建立多层次、多样化、精准化的针对创业培训的职业教育。

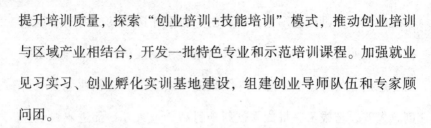

提升培训质量，探索"创业培训+技能培训"模式，推动创业培训与区域产业相结合，开发一批特色专业和示范培训课程。加强就业见习实习、创业孵化实训基地建设，组建创业导师队伍和专家顾问团。

（四）提升创业层次

各类农村创业创新主体应注重发掘农业多种功能和乡村多重价值，引入科创、智创、文创，开发农产品初加工、农村电商、乡村休闲旅游、乡土特色手工等新产业新业态，带动乡村产业链条纵向延伸、功能横向拓展、价值多向提升，实现农业与现代产业要素跨界配置。目前，新增创业项目的65%以上具有创新因素，80%以上属于产业融合类型，55%左右广泛运用智慧农业、互联网、共享经济等模式，促进了直播直销、视频农业、云乡游、云赏花等快速发展，形成城乡关联、产业梯度格局。

（五）带动农民增收

返乡入乡创业人员创办的项目小农户参与度高、受益面广，如到贫困地区建立农产品原料基地，鼓励创建特色农业、特色乡村旅游点，对于提供就业岗位的企业给予优惠政策和奖励政策。带动贫困户增收致富和脱贫攻坚。引导新型农业经营主体与小农户建立多种类型的合作方式，促进利益融合。积极开展电商产业扶贫，建立电商创业孵化基地，完善利益分配机制，推广"农民入股+保底收益+按股分红""订单收购+分红"等模式。据监测，返乡入乡创业创新项目的经营场所87%设置在乡镇及以下，一个返乡创业创新项目平均可吸纳6.3人稳定就业、17.3人灵活就业。返乡创业创新项目90%是多人联合、合作创业，70%具有带动农民就业增收效果，40%的项目带动农户脱贫。在产业扶贫、金融扶持等一系列的政府政策下返乡创业越来越受到返乡创业者的认可

【议一议】

1. 我国为农民返乡创业搭建了哪些创业平台？

2. 如何提升各农村创业创新主体的创业层次？

第三节　农村社会保障

目前，我国已经基本建立起以农村社会保险、农村社会救助、农村社会福利、农村社会优抚安置等为主要内容的农村社会保障体系。通过农村社会保障制度来改善农村居民生活水平和城乡差距，逐步实现城乡一体化发展的目标。

一、农村社会保险

(一)农村居民医疗保障政策

农村居民医疗保障政策是指为解决农村居民看病难就医难和"因病致贫、因病返贫"等问题而制定的政策。要健全农村医疗卫生服务,大力发展乡村医生队伍建设,加强农村基层卫生人才培养;完善基本公共卫生服务;加快全民医保体系的构建。根据中央一号文件的相关内容,农村居民医疗保障政策主要包括以下几个方面。

一是医护人才建设方面。2015 年,国务院办公厅印发《关于进一步加强乡村医生队伍建设的实施意见》,着力解决"学历层次低,考取医师难;社会地位低,人才引进难;收入待遇低,队伍稳定难;保障水平低,保险衔接难;工作起点低,筹措经费难"等乡村医生发展难题。通过 10 年左右的努力,力争使乡村医生总体具备中专及以上学历,逐步具备执业助理医师及以上资格,乡村医生各方面合理待遇得到较好保障,基本建成一支素质较高、适应需要的乡村医生队伍。

二是卫生监督方面。《2012 年政府工作报告》《中共中央 国务院关于加快发展现代农业进一步增强农村发展活力的若干意见》

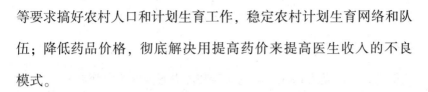

等要求搞好农村人口和计划生育工作，稳定农村计划生育网络和队伍；降低药品价格，彻底解决用提高药价来提高医生收入的不良模式。

三是农村医疗保障制度方面。《关于进一步完善医疗救助制度全面开展重特大疾病医疗救助工作的意见》《中共中央　国务院关于印发全国新型农村合作医疗异地就医联网结报实施方案的通知》《关于推进新型农村合作医疗支付方式改革工作的指导意见》《关于做好新型农村合作医疗跨省就医费用核查和结报工作的指导意见》，要进一步提高政府财政部门对农村居民医疗保险的补助力度。2021年，国家医保局等部委印发《关于做好2021年城乡居民基本医疗保障工作的通知》，2021年继续提高居民医保筹资标准，居民医保人均财政补助标准提高到580元；同时指出要完善大病保险，扩大药品保障范围；推进医保全国联网，农民可以在其他城市进行医保的使用，提高报销比例，加快医疗资源进入农村。

（二）农村居民养老保障政策

农村居民养老保障政策是为了提高广大农村老年人生活水平和质量，实现"老有所养"而制定的政策，减轻农村居民的养老负担。随着农村老年人口的不断增加，目前农村养老面临着较大的问题。中央一号文件指出要加快构建养老服务体系，建设多种农村养老服务；实现新型农村社会养老保险制度全面覆盖，城乡居民基本保险制度相融合。根据 2021 年中央一号文件的内容，农村居民养老保障政策涉及农村社会养老保险和养老服务两个方面。

一是农村社会养老保险方面。健全新型农村社会养老保险体系；合并城乡居民基本养老保险制度，运用科学合理的方式稳步提高城乡居民基础养老金标准；引导农村居民提高养老保险的缴费额度，从而增加养老金的发放额度。

二是农村社会养老服务方面。《"十四五"国家老龄事业发展和养老体系建设规划》等相关政策提出，实施积极应对人口老龄化国家战略，以加快完善社会保障、养老服务、健康支撑体系为重点，把积极老龄观、健康老龄化理念融入经济社会发展全过程，尽力而为、量力而行，深化改革、综合施策，加大制度创新、政策供给、财政投入力度，推动老龄事业和产业协同发展，在老有所养、老有所医、老有所为、老有所学、老有所乐上不断取得新进展，让老年人共享改革发展成果、安享幸福晚年。

二、农村社会救助

农村社会救助制度是国家及各种社会群体运用掌握的资金、实物、服务等手段，通过一定机构和专业人员，向农村中无生活来源、丧失工作能力者，向生活在"贫困线"或最低生活标准以下的个人和家庭，向农村中一时遭受严重自然灾害和不幸事故的遇难者，实施的一种社会保障制度，以使受救助者能继续生存下去。

2020 年 8 月，中共中央办公厅、国务院办公厅印发《关于改革完善社会救助制度的意见》，提出"促进城乡统筹发展。推进社会救助制度城乡统筹，加快实现城乡救助服务均等化。顺应农业转移人口市民化进程，及时对符合条件的农业转移人口提供相应救助帮扶"。

党的十九大报告指出，要统筹城乡社会救助体系，完善农村最低生活保障制度。中央一号文件与政府工作报告也多次指出，要切实改进农村社会救助工作，全面建立临时救助制度，实现农村低保全覆盖，使符合条件的农村贫困人口都进入农村最低生活保障的范围；改进农村最低生活保障申请家庭经济状况核查机制，实现农村最低生活保障制度与扶贫开发政策有效衔接，切实改善农村困难群体的基本生活；加强农村最低生活保障的规范管理，不断提高农村最低生活保障的标准。随着经济社会发展水平提高，从低保制度建立之初到现在，低保标准不断调整提高，截至 2021 年三季度，我国农村最低生活保障人数为 3 489.2 万人，平均标准达 6 298.8 元/（人·年）。

三、农村社会福利

农业社会福利是指为农村特殊对象和社区居民提供除社会救济

四、农村优抚安置

农村优抚安置主要指对国家和社会有功劳的农村特殊社会成员，依照法律给予补偿和褒扬的一种社会保障制度，是优待、抚恤、安置三种待遇的总称。

农村优抚安置是维护国家和民族自身利益的需要，具有十分重要的政治意义，它能够保证国家与社会的稳定和发展，推进社会经济繁荣，鼓舞士气，焕发民族精神。

【议一议】

1. 我国的农村社会养老保险有哪些政策？
2. 我国农村医疗保障建立了哪些制度？

第四节　产业扶贫

扶贫扶长远，长远看产业。从生态农业到农村电商，从特色种养到乡村旅游，各地产业扶贫百舸争流，为脱贫攻坚注入了强大内生动力。回顾脱贫攻坚历程，注重通过发展产业的方式实现精准脱贫，实现从"输血"到"造血"的转变。我国各地资源禀赋不同、自然环境有异，而产业扶贫政策必须要唤醒各地发展自主产业的主动性，打开各自的想象空间。

发展产业是实现脱贫的根本之策。要因地制宜，把培育产业作为推动脱贫攻坚的根本出路，推动产业扶贫，才能让贫困群众获得持续的发展机会，过上更美好的生活。脱贫攻坚外在的推动力必须要转化为内生动力，提高贫困地区自我发展能力和自我造血能力，才能保证脱贫成果的可持续性，保障贫困地区和贫困人口真脱贫、不返贫。

搞好产业扶贫体现着一种发展能力，也需要破解大量难题，这其中既包括农村自身的条件约束，也包括在落实过程中的新问题。一方面，农村基础设施薄弱，贫困户抗击风险能力较弱，常常会面临缺资金、缺技术、缺品牌、缺产业链等难题。另一方面，在推动产业扶贫过程中也出现了一些经营层面的问题，比如说短期化倾向，一些地方急于求成，优先发展"短平快"产业；一些地方不切实际造"盆景"工程，一哄而上造成市场过剩；产业脱离贫困群众倾向，贫困户并不能融入产业。

扶贫开发贵在精准，重在精准，成败之举在于精准。这就需要精准对接市场。产业发展是经济活动，要遵循市场规律，按照市场需求发展特色产业，而不是一哄而上，同时也要按照市场需求发挥龙头企业、合作社等新型经营主体的带动作用。产业需要精准对接特色，如洛川苹果、赣南脐橙、定西马铃薯等扶贫产业发展好的地方都是紧扣"优势"做文章的，因地制宜地选择具有比较优势的特色产业，才是赢得市场竞争的制胜之道。产业扶贫需要精准对接群众，形成产业与贫困户的利益联结机制，贫困户参与生产、实现就业，才能提升贫困人口的自我发展能力、分享到产业发展红利。产业扶贫为打赢脱贫攻坚战提供了有力支撑，也为接续推进乡村振兴奠定了坚实基础。

贫困地区产业发展政策体系逐步完善，财政资金投入逐年加大，集中力量支持扶贫产业发展和基础设施建设。金融信贷支持不断强化，为贫困群众发展生产发放"5 万元以下、3 年期以内、免担保免抵押、基准利率放贷、财政资金贴息、县建风险补偿金"的扶贫小额信贷。截至 2020 年 8 月，全国已累计放贷 6 747.2 亿元，惠及贫困户 1 702.8 万户。加大对带贫成效突出的龙头企业、农民合作社、创业致富带头人等新型经营主体的贷款支持力度，农业信贷担保体系对贫困地区实现业务全覆盖。农业保险加快扩面降费，重点支持贫困县特色产业发展。

带贫新型经营主体加快培育，培育引进了一批龙头企业，农民合作社和家庭农场规范发展。开展贫困地区农民合作社带头人和家庭农场经营者专门培训，完善家庭农场名录管理制度，引导农民合

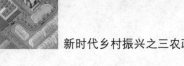

作社、家庭农场通过多种方式，融入产业发展链条。目前，贫困地区已发展农民合作社 71.9 万家，带动贫困户 626 万户、贫困人口 2 200万人；发展家庭农场超过 15 万家。鼓励贫困户、村集体、合作社、龙头企业组建产业发展联合体，为贫困户稳定分享产业收益提供更多保障。

贫困地区农产品销售渠道全面拓展，农产品产销平台不断完善。在中国国际农产品交易会、农民丰收节等各类节庆活动、展销会、招商会上设立扶贫专区，组织各地广泛开展扶贫产品定向直供、直销机关食堂、医院、学校和交易市场活动，为贫困地区农产品销售搭建广阔平台。电子商务进农村综合示范对国家级贫困县全覆盖，在贫困地区大力实施信息进村入户、"互联网+"农产品出村进城工程，完善全国贫困地区农产品产销对接公益服务平台，832 个贫困县已建设各类电商服务点超过 10 万个，农产品销售渠道进一步畅通。

特色农产品品牌加快培育。将贫困地区特色农产品优先纳入全国农产品品牌目录，对贫困地区申报绿色、有机、地理标志农产品优先办理，目前，832 个贫困县登记地理标志农产品 800 多个，认证绿色、有机农产品 1.1 万个，注册商标超过 12 万个。

扶贫必先扶智，仅靠政府和社会的外部帮扶不能从根本上实现精准的脱贫攻坚，虽然物质的输入能解决民生的基本问题，但是却不能解决根本问题。帮助贫困人群获得生存技能并加以提升致富本领才是其实现稳定脱贫的内在动力和行之有效的根本方法。

科技人才的充分有效运用是脱贫攻坚的潜力和后劲所在，科技人才充分发挥了在脱贫攻坚战中引领作用、带动作用、示范作用和促进作用。科技人才是人力资源中能力较高、素质较强的人才主体，只有专业的科技人才才能精准的高效的助力脱贫攻坚，科技人才在脱贫攻坚中发挥的能动性是不可取代且行之有效的。"授人以鱼不如授人以渔"，科技人才的作用就像当年革命的星星之火，大批年轻有为的科技人才投入到为脱贫攻坚的伟大事业中去，用自己单薄的身躯燃起燎原之势的希望之火。推动社会经济发展，人才是关键，在农村贫困人口实现稳定脱贫的道路上，科技人才是保航员，是脱贫攻坚最有力量的引领力量。贫困地区想要走出贫困的现状，的确需要物资、资金、技术等各种资源的帮助，但这些外部资源的有效发挥，离不开科技人才的实施，只有在科技人才的助力下，贫困地区的脱贫攻坚战才能更快、更好、更精准实现脱贫。打赢脱贫攻坚战需要科技人才扎根农村、服务基层，发挥引领带动作用。

【议一议】

1. 请你谈谈对"病有所医、老有所养、住有所居、弱有所扶"这句话的理解。

2. 我国对农民返乡创业采取了哪些政策?

主要参考文献

安佳，2019. 十八大以来中国共产党"三农"政策调整与创新研究[D]. 西安：西安理工大学.

白如光，2020. 改革开放以来党的"三农"政策变迁研究[D]. 海口：海南大学.

卞瑞鹤，2015. 藏粮于地 藏粮于技——习近平与"十三五"国家粮食安全战略[J]. 农村. 农业. 农民（A版）（12）：24-27.

陈少艺，2014. 中央一号文件与"三农"政策[D]. 上海：复旦大学.

樊鑫鑫，2021. 乡村振兴战略的意义、内涵与实施路径[J]. 乡村科技，12（4）：6-7.

胡鞍钢，地力夏提·吾布力，鄢一龙，2015. 粮食安全"十三五"规划基本思路[J]. 清华大学学报（哲学社会科学版），30（5）：158-165，198-199.

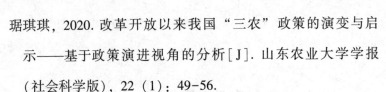
琚琪琪，2020.改革开放以来我国"三农"政策的演变与启示——基于政策演进视角的分析[J].山东农业大学学报（社会科学版），22（1）：49-56.

李柏红，2020.《国家乡村振兴战略规划（2018—2022年）》解读（摘选）[J].农村实用技术（6）：1-2.

李艳，2022.牢记"国之大者"确保粮食安全——坚决扛稳维护国家粮食安全重任、为维护国家粮食安全作出吉林贡献[J].新长征（6）：18-23.

农业农村部科技发展中心，2021."十三五"中国农业农村科技发展报告[J].农学学报，11（12）：3-4.

农业农村部农村合作经济指导司，2021-05-27.农业现代化辉煌五年系列宣讲之十四：社会化服务助推农业现代化［EB/OL］.http：www. ghs. moa. gov. cn/ghgl/202105/t2021052_6368581. htm.

农业农村部农村合作经济指导司，2021-09-01.农业现代化辉煌五年系列宣讲之三十八：农村宅基地制度政策试点取得积极进展［EB/OL］.http：www. ghs. moa. gov. cn/ghgl/202109/t20210901_6375439. html.

农业农村部农田建设管理司，2021-05-17.农业现代化辉煌五年系列宣讲之七：高标准农田建设迈上新台阶［EB/

OL]. http：www. ghs. moa. gov. cn/ghgl/202105/t20210517_6367788. html.

农业农村部政策与改革司，2021-05-26. 农业现代化辉煌五年系列宣讲之十三：农村承包地"三权"分置改革稳步推进［EB/OL］. http：www. ghs. moa. gov. cn/ghgl/202105/t20210526_6368456. htm.

彭超，2021. 高素质农民培育政策的演变、效果与完善思路［J］. 理论探索（1）：22-30.

史安静，2020. 乡村振兴战略简明读本［M］. 北京：中国农业科学技术出版社.

孙竹雪，2020. 改革开放以来党的"三农"政策历史演变和新发展研究——以中共中央一号文件为中心研究对象［D］. 南京：南京师范大学.

万璐，2016. 中国共产党关于"三农"政策的演变与创新［D］. 郑州：郑州大学.

万文根，2018. 乡村振兴战略的提出和重点解读［J］. 江西农业（21）：14-15.

乌云其木格，2004. 努力落实各项农业政策 确保粮食安全和农民增收［J］. 中国人大（14）：13-15.

吴顺安，胡志立，2019. 新时代党和政府的"三农"好政策解

读[M].芜湖：安徽师范大学出版社.

向恒，2020.改革开放以来我国"三农"政策的演变及启示研究[D].重庆：重庆师范大学.

杨忠艳，2020.《国家乡村振兴战略规划（2018—2022年）》（节选）解读[J].农村实用技术（11）：5-6.

佚名，2020.政策解读·聚焦中央一号文件[J].理论与当代（3）：46-52.

佚名，2022.推动全面推进乡村振兴取得新进展——中央农办主任、农业农村部部长唐仁健解读2022年中央一号文件[J].云南农业（6）：10-11.

张瑞娟，惠超，2018.全面解读《乡村振兴战略规划（2018—2022年）》[J].农村金融研究（10）：9-11.

赵爽，2020.《国家乡村振兴战略规划（2018—2022年）》解读——推进农业绿色发展[J].农村经济与科技，31（24）：247-248.

郑阳，冯慧敏，郭畅，2019.新世纪以来"三农"问题的政策思路与内容探析——基于对2004年以来中央"一号文件"的文本解读[J].中共济南市委党校学报（4）：40-45.